中国建筑学会室内设计分会推荐
高等院校环境艺术设计专业指导教材

环境空间设计

陈　易　陈申源　编著

中国建筑工业出版社

图书在版编目（CIP）数据

环境空间设计/陈易，陈申源编著. —北京：中国建筑
工业出版社，2008
中国建筑学会室内设计分会推荐. 高等院校环境艺术
设计专业指导教材
ISBN 978-7-112-09957-3

I. 环…　Ⅱ. ①陈…②陈…　Ⅲ. 环境设计—高等学校—
教材　Ⅳ. TU-856

中国版本图书馆 CIP 数据核字（2008）第 023147 号

中国建筑学会室内设计分会推荐
高等院校环境艺术设计专业指导教材

环境空间设计

陈　易　陈申源　编著

*

中国建筑工业出版社出版、发行（北京西郊百万庄）
各地新华书店、建筑书店经销
北京千辰公司制版
北京建筑工业印刷厂印刷

*

开本：787×1092 毫米　1/16　印张：15¾　字数：384 千字
2008 年 12 月第一版　2020 年 7 月第三次印刷
定价：**36.00** 元
ISBN 978-7-112-09957-3
（16760）

本书选题新颖、内容丰富、涵盖范围广泛，涉及城市规划、城市设计、建筑设计、景观设计、室内设计等诸多专业与学科。本书主要从空间设计的角度出发，运用国内外的经典空间理论，系统介绍了环境空间设计的概念、空间设计的若干基本原则、空间限定的方式和元素、空间的感受、单个空间和群体空间的设计方法等基本内容，为广大学生提供了基本的理论指导，最后综合分析了室内空间、广场空间、街道空间、庭院空间等主要空间类型的设计方法，剖析了若干中外著名实例，使之更具实用性和参考性。

本书文字流畅、论述生动、图文并茂、实例丰富，全书以空间设计为平台，论述有关环境空间设计的问题，避免与其他教材的重复，以便有助于读者掌握空间设计的基本原理与方法。本书除可作为高等院校环境设计专业学生的教材外，也可为相关专业的学生，建筑师、室内设计师和景观设计师，以及对此领域感兴趣的人士提供理论指导与设计参考。

*　　*　　*

责任编辑：郭洪兰
责任设计：董建平
责任校对：王雪竹　　王金珠

出 版 说 明

　　中国的室内设计教育已经走过了四十多年的历程。1957年在中国北京中央工艺美术学院（现清华大学美术学院）第一次设立室内设计专业，当时的专业名称为"室内装饰"。1958年北京兴建十大建筑，受此影响，装饰的概念向建筑拓展，至1961年专业名称改为"建筑装饰"。实行改革开放后的1984年，顺应世界专业发展的潮流又更名为"室内设计"，之后在1988年室内设计又进而拓展为"环境艺术设计"专业。据不完全统计，到2004年，全国已有600多所高等院校设立与室内设计相关的各类专业。

　　一方面，以装饰为主要概念的室内装修行业在我们的国家波澜壮阔地向前推进，成为国民经济支柱性产业。而另一方面，在我们高等教育的专业目录中却始终没有出现"室内设计"的称谓。从某种意义上来讲，也许是20世纪80年代末环境艺术设计概念的提出相对于我们的国情过于超前。虽然数十年间以环境艺术设计称谓的艺术设计专业在全国数百所各类学校中设立，但发展却极不平衡，认识也极不相同。反映为理论研究相对滞后，专业师资与教材缺乏，各校间教学体系与教学水平存在着较大的差异，造成了目前这种多元化的局面。出现这样的情况也毫不奇怪，因为我们的艺术设计教育事业始终与国家的经济建设和社会的体制改革发展同步，尚都处于转型期的调整之中。

　　设计教育诞生于发达国家现代设计行业建立之后，本身具有艺术与科学的双重属性，兼具文科和理科教育的特点，属于典型的边缘学科。由于我们的国情特点，设计教育基本上是脱胎于美术教育。以中央工艺美术学院（现清华大学美术学院）为例，自1956年建校之初就力戒美术教育的单一模式，但时至今日仍然难以摆脱这种模式的束缚。而具有鲜明理工特征的我国建筑类院校，在创办艺术设计类专业时又显然缺乏艺术的支撑，可以说两者都处于过渡期的阵痛中。

　　艺术素质不是象牙之塔的贡品，而是人人都必须具有的基本素质。艺术教育是高等教育整个系统中不可或缺的重要环节，是完善人格培养的美育的重要内容。艺术设计虽然是以艺术教育为出发点，具有人文学科的主要特点，但它是横跨艺术与科学之间的桥梁学科，也是以教授工作方法为主要内容，兼具思维开拓与技能培养的双重训练性专业。所以，只有在国家的高等学校专业目录中：将"艺术"定位于学科门类，与"文学"等同；将"艺术设计"定位于一级学科，与"美术"等同。随之，按照现有的社会相关行业分类，在艺术设计专业下设置相应的二级学科，环境艺术设计才能够得到与这相适应的社会专业定位，惟有这样才能赶上迅猛发展的时代步伐。

　　由于社会发展现状的制约，高等教育的艺术设计专业尚没有国家权威的管理指导机构。"中国建筑学会室内设计分会教育工作委员会"是目前中国惟一能够担负起指导环境艺术设计教育的专业机构。教育工作委员会近年来组织了一系列全国范围的专业交流活动。在活动中，各校的代表都提出了编写相对统一的专业教材的愿望。因为目前已经出版的几套教材都是以单个学校或学校集团的教学系统为蓝本，在具体的使用中缺乏普遍的指导意义，适应性较弱。为此，教育工作委员会组织全国相关院校的环境艺术设计专业教育专家，编写了这套具有指导意义的符合目前国情现状的实用型专业教材。

中国建筑学会室内设计分会教育工作委员会

前　　言

艺术设计专业是横跨于艺术与科学之间的综合性、边缘性学科。艺术设计产生于工业文明高速发展的 20 世纪。具有独立知识产权的各类设计产品，成为艺术设计成果的象征。艺术设计的每个专业方向在国民经济中都对应着一个庞大的产业，如建筑室内装饰行业、服装行业、广告与包装行业等。每个专业方向在自己的发展过程中无不形成极强的个性，并通过这种个性的创造，以产品的形式实现其自身的社会价值。从环境生态学的认识角度出发，任何一门艺术设计专业方向的发展都需要相应的时空，需要相对丰厚的资源配置和适宜的社会政治、经济、技术条件。面对信息时代和经济全球化，世界呈现时空越来越小的趋势，人工环境无限制扩张，导致自然环境日益恶化。在这样的情况下，专业学科发展如不以环境生态意识为先导，走集约型协调综合发展的道路，势必走入死胡同。

随着 20 世纪后期由工业文明向生态文明的转化，可持续发展思想在世界范围内得到共识并逐渐成为各国发展决策的理论基础。环境艺术设计的概念正是在这样的历史背景下从艺术设计专业中脱颖而出的，其基本理念在于设计从单纯的商业产品意识向环境生态意识的转换，在可持续发展战略总体布局中，处于协调人工环境与自然环境关系的重要位置。环境艺术设计最终要实现的目标是人类生存状态的绿色设计，其核心概念就是创造符合生态环境良性循环规律的设计系统。

环境艺术设计所遵循的绿色设计理念成为相关行业依靠科技进步实施可持续发展战略的核心环节。

国内学术界最早在艺术设计领域提出环境艺术设计的概念是在 20 世纪 80 年代初期。在世界范围内，日本学术界在艺术设计领域的环境生态意识觉醒得较早，这与其狭小的国土、匮乏的资源、相对拥挤的人口有着直接的关系。进入 80 年代后期国内艺术设计界的环境意识空前高涨，于是催生了环境艺术设计专业的建立。1988 年当时的国家教育委员会决定在我国高等院校设立环境艺术设计专业，1998 年成为艺术设计专业下属的专业方向。据不完全统计，在短短的十数年间，全国有 400 余所各类高等院校建立了环境艺术设计专业方向。进入 21 世纪，与环境艺术设计相关的行业年产值高达人民币数千亿元。

由于发展过快，而相应的理论研究滞后，致使社会创作实践有其名而无其实。决策层对环境艺术设计专业理论缺乏基本的了解。虽然从专业设计者到行政领导都在谈论可持续发展和绿色设计，然而在立项实施的各类与环境有关的工程项目中却完全与环境生态的绿色概念背道而驰。导致我们的城市景观、建筑与室内装饰建设背离了既定的目标。毫无疑问，迄今为止我们人工环境（包括城市、建筑、室内环境）的发展是以对自然环境的损耗作为代价的。例如：光污染的城市亮丽工程；破坏生态平衡的大树进城；耗费土地资源的小城市大广场；浪费自然资源的过度装修等。

党的十六大将"可持续性发展能力不断增强，生态环境得到改善，资源利用效率显著提高，促进人与自然的和谐，推动整个社会走上生产发展、生活富裕、生态良好的文明发展道路"作为全面建设小康社会奋斗目标的生态文明之路。环境艺术设计正是从艺术设计学科的角度，为实现宏大的战略目标而落实于具体的重要社会实践。

"环境艺术"这种人为的艺术环境创造，可以存在于自然界美的环境之外，但是它又不可能脱离自然环境本体，它必须植根于特定的环境，成为融合其中与之有机共生的艺术。可以这样说，环境艺术是人类生存环境的美的创造。

"环境设计"是建立在客观物质基础上，以现代环境科学研究成果为指导，创造理想生存空间的工作过程。人类理想的环境应该是生态系统的良性循环，社会制度的文明进步，自然资源的合理配置，生存空间的科学建设。这中间包含了自然科学和社会科学涉及的所有研究领域。

环境设计以原在的自然环境为出发点，以科学与艺术的手段协调自然、人工、社会三类环境之间的关系，使其达到一种最佳的运行状态。环境设计具有相当广的含义，它不仅包括空间实体形态的布局营造，而且更重视人在时间状态下的行为环境的调节控制。

环境设计比之环境艺术具有更为完整的意义。环境艺术应该是从属于环境设计的子系统。

环境艺术品创作有别于单纯的艺术品创作。环境艺术品的概念源于环境生态的概念，即它与环境互为依存的循环特征。几乎所有的艺术与工艺美术门类，以及它们的产品都可以列入环境艺术品的范围，但只要加上环境二字，它的创作就将受到环境的限定和制约，以达到与所处环境的和谐统一。

"环境艺术"与"环境设计"的概念体现了生态文明的原则。我们所讲的"环境艺术设计"包括了环境艺术与环境设计的全部概念。将其上升为"设计艺术的环境生态学"，才能为我们的社会发展决策奠定坚实的理论基础。

环境艺术设计立足于环境概念的艺术设计，以"环境艺术的存在，将柔化技术主宰的人间，沟通人与人、人与社会、人与自然间和谐的、欢愉的情感。这里，物（实在）的创造，以它的美的存在形式在感染人，空间（虚在）的创造，以他的亲切、柔美的气氛在慰藉人[1]。"显然，环境艺术所营造的是一种空间的氛围，将环境艺术的理念融入环境设计所形成的环境艺术设计，其主旨在于空间功能的艺术协调。"如 Gorden Cullen 在他的名著《Townscape》一书中所说，这是一种'关系的艺术'（art of relationship），其目的是利用一切要素创造环境：房屋、树木、大自然、水、交通、广告以及诸如此类的东西，以戏剧的表演方式将它们编织在一起[2]。"诚然，环境艺术设计并不一定要创造凌驾于环境之上的人工自然物，它的设计工作状态更像是乐团的指挥、电影的导演。选择是它设计的方法，减法是它技术的常项，协调是它工作的主题。可见这样一种艺术设计系统是符合于生态文明社会形态的需求。

目前，最能够体现环境艺术设计理念的文本，莫过于联合国教科文组织实施的《保护世界文化和自然遗产合约》。在这份文件中，文化遗产的界定在于：自然环境与人工环境、

---

〔1〕 潘昌侯：我对"环境艺术"的理解，《环境艺术》第 1 期 5 页，中国城市经济社会出版社 1988 年版。

〔2〕 程里尧：环境艺术是大众的艺术，《环境艺术》第 1 期 4 页，中国城市经济社会出版社 1988 年版。

美学与科学高度融汇基础上的物质与非物质独特个性体现。文化遗产必须是"自然与人类的共同作品"。人类的社会活动及其创造物有机融入自然并成为和谐的整体，是体现其环境意义的核心内容。

根据《保护世界文化和自然遗产合约》的表述：文化遗产主要体现于人工环境，以文物、建筑群和遗址为《世界遗产名录》的录入内容；自然遗产主要体现于自然环境，以美学的突出个性与科学的普遍价值所涵盖的同地质生物结构、动植物物种生态区和天然名胜为《世界遗产名录》的录入内容。两类遗产有着极为严格的收录标准。这个标准实际上成为以人为中心理想环境状态的界定。

文化遗产界定的环境意义，即：环境系统存在的多样特征；环境系统发展的动态特征；环境系统关系的协调特征；环境系统美学的个性特征。

环境系统存在的多样特征：在一个特定的环境场所，存在着物质与非物质的多样信息传递。自然与人工要素同时作用于有限的时空，实体的物象与思想的感悟在场所中交汇，从而产生物质场所的精神寄托。文化的底蕴正是通过环境场所的这种多样特征得以体现。

环境系统发展的动态特征：任何一个环境场所都不可能永远不变，变化是永恒的，不变则是暂时的，环境总是处于动态的发展之中。特定历史条件下形成的人居文化环境一旦毁坏，必定造成无法逆转的后果。如果总是追随变化的潮流，终有一天生存的空间会变成文化的沙漠。努力地维持文化遗产的本原，实质上就是为人类留下了丰富的文化源流。

环境系统关系的协调特征：环境系统的关系体现于三个层面，自然环境要素之间的关系；人工环境要素之间的关系；自然与人工的环境要素之间的关系。自然环境要素是经过优胜劣汰的天然选择而产生的，相互的关系自然是协调的；人工环境要素如果规划适度、设计得当也能够做到相互的协调；惟有自然与人工的环境要素之间要做到相互关系的协调则十分不易。所以在世界遗产名录中享有文化景观名义的双重遗产凤毛麟角。

环境系统美学的个性特征：无论是自然环境系统还是人工环境系统，如果没有个性突出的美学特征，就很难取得赏心悦目的场所感受。虽然人在视觉与情感上愉悦的美感不能替代环境场所中行为功能的需求。然而在人为建设与环境评价的过程中，美学的因素往往处于优先考虑的位置。

在全部的世界遗产概念中，文化景观标准的理念与环境艺术设计的创作观念比较一致。如果从视觉艺术的概念出发，环境艺术设计基本上就是以文化景观的标准在进行创作。

文化景观标准所反映的观点，是在肯定了自然与文化的双重含义外，更加强调了人为有意的因素。所以说，文化景观标准与环境艺术设计的基本概念相通。

文化景观标准至少有以下三点与环境艺术设计相关的含义：

第一，环境艺术设计是人为有意的设计，完全是人类出于内在主观愿望的满足，对外在客观世界生存环境进行优化的设计。

第二，环境艺术设计的原在出发点是"艺术"，首先要满足人对环境的视觉审美，也就是说美学的标准是放在首位的，离开美的界定就不存在设计本质的内容。

第三，环境艺术设计是协调关系的设计，环境场所中的每一个单体都与其他的单体发生着关系，设计的目的就是使所有的单体都能够相互协调，并能够在任意的位置都以最佳的视觉景观示人。

以上理念基本构成了环境艺术设计理论的内涵。

鉴于中国目前的国情，要真正完成环境艺术设计从书本理论到社会实践的过渡，还是一个十分艰巨的任务。目前高等学校的环境艺术设计专业教学，基本是以"室内设计"和"景观设计"作为实施的专业方向。尽管学术界对这两个专业方向的定位和理论概念还存在着不尽统一的认识，但是迅猛发展的社会是等不及笔墨官司有了结果才前进的。高等教育的专业理念超前于社会发展也是符合逻辑的。因此，呈现在面前的这套教材，是立足于高等教育环境艺术设计专业教学的现状来编写的，基本可以满足一个阶段内专业教学的需求。

中国建筑学会室内设计分会
教育工作委员会主任：郑曙旸

编者的话

20世纪80年代以来，随着生活水平的改善，人们对美的要求日益提高，室内外环境设计得到了很大的发展。人们希望通过室内外环境设计这一融科学和艺术于一体的学科，改善环境质量，提升生活品位和生存价值。为了向从事这一工作的相关专业的学生和对此感兴趣的人士系统地介绍室内外环境设计的知识，中国建筑学会室内设计分会教育委员会决定编写"高等院校环境艺术设计专业指导教材"，并委托相关高等院校负责教材的编写工作。

室内外环境设计是一新生事物，很多概念尚在探讨之中，其牵涉范围又十分广泛，涉及城市设计、建筑设计、景观设计、室内设计、工业设计等诸多领域，每个领域本身就是一门独立的专门学科，具有丰富的内容。因此，如何在有限的篇幅内系统、扼要地介绍这方面的知识，一直是本书编写过程中的难点，且鲜有可供参考的先例。在反复思考、多方征求意见的基础上，本书采用了原理与类型相结合的编写方式，希望能较为完整、系统、清晰地介绍室内外环境设计的设计原理与方法。

本书在写作过程中得到了中国建筑学会室内设计分会、清华大学、同济大学等单位领导和专家的大力支持，中国建筑工业出版社的领导和编辑在各方面给予很多帮助和指导，在此一并致以由衷的感谢。清华大学美术学院副院长、博士生导师郑曙旸教授审阅了全文并提出了有价值的意见，在此表示衷心的感谢。本书在编写过程中得到来增祥教授、庄荣教授、童勤华教授、陈忠华教授等的大力支持和帮助，借鉴了同行专家、学者的研究成果，参考引用了国内外相关学者的一些图片和资料，在此表示诚挚的谢意。同济大学蒋红蕾硕士、赖林莉硕士、赵琨硕士、李煜瑾硕士、黄波硕士、张靓博士研究生亦提供了资料并参与了一些工作，在此亦表示衷心的谢意。在写作过程中，家人提供了默默的大力支持，这也是本书得以完成的重要因素。

室内外环境设计是一门内容丰富、发展十分迅速的学科，尽管在写作过程中尽了很大的努力，以最新的资料充实内容，力求使本书能满足各方面的需要，但总感学识有限，加之时间紧张，教学科研工作繁忙，书中定有很多不足与不妥之处，在此表示深深的歉意，并希望在今后的修订中能予以补充修正。本书中的一些数据与尺寸偏重对设计原理的解释说明，若与现行国家规范和地方规定不一致时，当以规范规定为准。

最后，愿本书的出版能对中国室内外环境设计事业的发展有所裨益，并作出贡献！

目　录

第一章 基本概念

20世纪80年代以来，随着人民生活水平的不断提高，室内外环境设计与人们的生活、工作越来越关系密切，日益受到人们的高度重视。作为一门学科，室内外环境设计也得到了空前的发展，展现出一片蓬勃向上的气势。

第一节 空　间

"空间（Space）"是一个涉及面非常广的名词，在哲学上，"空间"与"时间"一起构成运动着的物质存在的两种基本形式。空间指物质存在的广延性，时间指物质运动过程的持续性和顺序性。空间和时间具有客观性，与运动着的物质不可分割。空间与时间相互联系，既没有脱离物质运动的空间和时间，也没有不在空间和时间中运动的物质。就宇宙而言，空间无边无际，时间无始无终，对于各个具体事物而言，则空间和时间都是有限的。[1]

一、空间的概念

在大自然中，空间是无限的。但在生活中，人们却可以用各种手段来获得需要的某种空间。一把遮阳伞在夏日里可以制造出一个凉爽、休憩的空间，使人们感到与外界有了一定的分隔；在自然环境里，铺上一块毯子可使人们感到有了自己的小天地；阳光下的一片墙把自然空间分为向阳和背阴两部分，带给人们不同的心理感受。

"空间"一词的使用面很广，是建筑学中非常基本、非常重要的一个概念。在建筑设计中，"空间"是指与"实体"相对的概念，"空间"一般是指由构件和界面等实体部分所围合的供人们活动、生活、工作的空的部分。对于建筑而言，"空间"是建筑的最主要特征，是建筑的灵魂，是评价的基础。

二、空间的演化

作为建筑学的一个重要概念，不少学者都对空间的演化进行了深入的研究，提出了诸多理论，这里择其主要的简要介绍如下。

（一）吉迪安的理论

瑞士艺术史学家西格弗里德·吉迪安（Stgfried Giedion）在其著作《空间、时间与建筑》（Space，Time and Architecture）一书中提出了历史上存在的三种主要空间观念。第一种是以古埃及、苏美尔及古希腊时代为主的由墙体、柱体围合而成的空间，当时的建筑物偏重于追求外观效果，对空间形态重视不够；第二种是从古罗马开始一直到近代的空间观念，这个时期人们追求的是在顶盖之下的室内空间，建造理想的内部空间成为建筑物的最高目标；第三种空间观念则从20世纪初开始，随着物理学的时空观的革命，建筑学上强调单一视点的透视空间被逐渐淡化，取而代之的是强调四维空间的观念，空间效果更加活泼多变。[2]

（二）赛维的理论

意大利学者布鲁诺·赛维（Bruno Zevi）在其著作《建筑空间论》（Architecture as Space）中运用时间—空间的观点考察了建筑历史，提出了关于空间演化的理论。

赛维认为，古希腊时期的建筑非常重视人体尺度的运用，却在相当程度上忽视了空间的效果。古希腊的神庙可以作为精美宏大的雕塑来欣赏，但其内部的空间效果却不太理想（图 1-1-1a、b）。

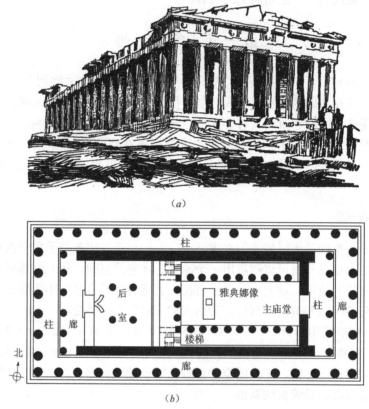

（a）

（b）

图 1-1-1　外观精美的古希腊神庙

（a）帕提农神庙遗迹；（b）帕提农神庙平面图

古罗马时期的建筑空间形态比较丰富，尺度宏伟，但总体而言仍然是一种静态空间。大部分建筑采用对称的形式，各相邻空间之间相互独立，罗马的万神庙就是典型例子（图 1-1-2a，b）。

与古罗马的静态空间相比，拜占庭时期的建筑空间节奏比较急促，并有向外扩展的感觉，表现出一种活跃的冲力，圣索菲亚大教堂的空间就体现出这种特征（图 1-1-3a，b）。

哥特式时期的建筑则通过平面上的纵深感和垂直向的高耸感，形成明显的空间对比，表现出神秘和紧张的气氛，图 1-1-4 （a，b）即为哥特式建筑的平面和内景。

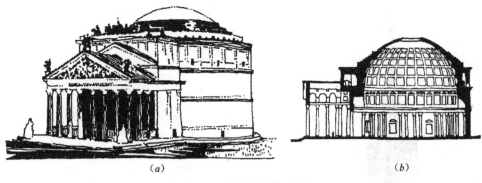

（a）   （b）

图 1-1-2　气势宏伟的万神庙

（a）万神庙外观；（b）万神庙剖面图

（a）

（b）

图 1-1-3　圣索非亚大教堂外观及剖面图

（a）圣索非亚大教堂剖面图；（b）圣索非亚大教堂外观

（a）　　　　　　　　　　　　　　　　　　　　　（b）

图 1-1-4　哥特式建筑的外观和剖面

（a）哥特式建筑外观；（b）哥特式建筑剖面图

　　文艺复兴开始后，早期的设计师致力于强调人对建筑空间的理性控制，力求创造一个可以使文化与个人想象力高度统一的时期。图 1-1-5 就表示了伯鲁乃列斯基（Filippo Brunelleschi）在圣·斯比里多教堂设计中采用的数学关系，设计师希望通过理性方式来统帅空间，使空间概念表现得更加统一。至 16 世纪，人们进一步发展了 15 世纪的集中式构图，同时十分注意推敲建筑物各部分之间的比例关系，注重建筑的造型和体积，图 1-1-6（a，b）为文艺复兴后期著名设计师帕拉第奥（Andrea Palladio）设计的圆厅别墅，其集中式的建筑布局和仔细推敲的立面吸引了不少追随者。

　　巴洛克式建筑空间则强调动感和渗透感，图 1-1-7（a，b）为波洛米尼（Francesco Borromini）设计的罗马圣卡罗教堂。教堂基地狭小，主殿平面是一变形的希腊十字，内部空间凹凸分明，富于动态感。临街的外立面亦充满了变化，在狭窄的街道中显得生动与醒目。

　　进入 20 世纪，随着观念的变革和技术的进步，人类的空间观念发生了重大变化，有机空间成为这一时代的特色。有机空间充满动感、诱导性和透视感，空间效果生动、明朗，在考虑实用功能的同时亦注重人类的心理需求，提出了人性化的任务，图 1-1-8（a，b，c）即为阿尔托（Alvar Aalto）设计的卡雷别墅，充分体现出建筑空间的变化和对人性的关怀。

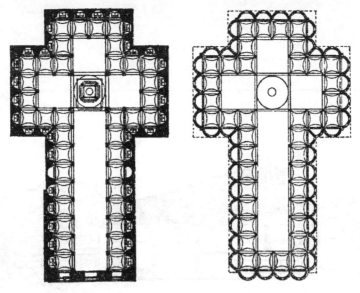

图 1-1-5　圣·斯比里多教堂的实际平面图和原始平面图

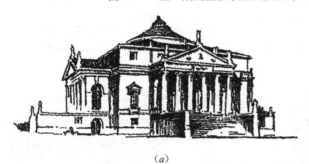

（a）

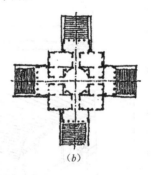

（b）

图 1-1-6　意大利圆厅别墅的平面和外观
（a）外观；（b）平面

（a）

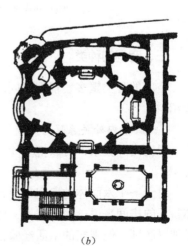

（b）

图 1-1-7　罗马圣卡罗教堂的平面和外观
（a）圣卡罗教堂外观；（b）圣卡罗教堂平面

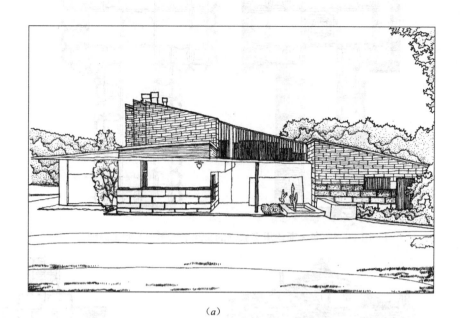

(a)

(b)

(c)

图 1-1-8　阿尔托设计的卡雷别墅

(a) 外观图；(b) 住宅门厅内景；(c) 从入口门厅看起居室

三、空间的种类

空间的种类繁多，根据不同的原则可以划分成不同的类型，这里择其主要的类型进行介绍。

（一）按内外关系区分

根据内外关系，可以把空间分成室外空间和室内空间两大类，这是最基本的两种空间类型。

对于一个六面体的房间来说，很容易区分室内空间和室外空间，但是对于不具备六面体特征的房间来说，情况就不一样了，往往可以表现出多种多样的内外空间关系，有时很难加以区别。但现实的生活经验告诉我们：一个最简单的独柱伞壳，就可以具有避免日晒

6

雨淋的效果，而仅具四壁的空间，只能称为"天井"或"院子"，它们不具备避免日晒雨淋的效果，所以可以认为，有无顶界面是区分室内空间与室外空间的关键因素。

一般而言，室内空间是人们生活、休息、工作的主要场所，是营造建筑物的首要目的，当然室外空间也很重要，有时其重要性不亚于室内空间。总之，无论是室内空间还是室外空间，它们都是设计师的主要工作内容。

（二）按层次关系区分

按照不同空间的层次关系，可以把空间分为自然空间、城市空间、建筑空间三类。

自然空间主要包括：旷野、风景区、公园等；

城市空间主要包括：城市广场、街道空间、绿地空间、滨河空间等；

建筑空间主要包括：庭院空间、室内空间等。

（三）其他分类

事实上，空间还有其他各种分类方式，例如根据使用功能的不同，可以把空间分为静态空间和动态空间。前者主要用于进行比较安静的活动，例如工作、学习、休息，后者则主要用于进行比较嘈杂的活动，例如娱乐、交通活动等。

根据人的活动内容，可以把空间分为休息空间、交通空间、工作空间、学习空间、娱乐空间、交往空间、纪念空间……，每类空间都有各自的设计要求与特点，需要在设计中予以特别注意。

根据空间的大小，可以把空间分为大空间和小空间。前者的规模较大，可以容纳较多的人流，常常给人以气势宏伟之感，而后者的规模较小，常常给人以亲切之感。

根据空间围合情况的不同，又可以分为开敞空间和封闭空间等。

第二节 环　　境

"环境（Environment）"是一个在日常生活中经常使用的名词，近年来，这一名词的出现频率越来越高，经常见诸于各类报章杂志。

一、环境的概念

根据《辞海》的解释，"环境"是指围绕着人类的外部世界，是人类赖以生存和发展的社会和物质条件的综合体。"环境"可分为自然环境和社会环境。自然环境中，按其组成要素，又可分为大气环境、水环境、土壤环境和生物环境等。

"环境"并不是一个新名词，但将环境的概念引入设计领域的历史则并不太长。对于设计师而言，人体周围的一切都是环境。环境的核心是人，环境为人而设，环境因人而变。人创造、改变着环境，但同时环境也对人起着潜移默化的作用。

二、环境的类型

环境是一个非常宽泛的概念，为了研究的方便，学者们对与设计领域相关的环境进行了分类，简述如下。

（一）按环境的范围

如果按照范围的大小来看，可以把环境分成三个层次，即宏观环境、中观环境和微观环境，它们各自有着不同的内涵和特点。

宏观环境的范围和规模非常之大，其内容常包括太空、大气、山川森林、平原草地、城镇及乡村等，涉及的设计行业常有：国土规划、区域规划、城市及乡镇规划、风景区规划等；

中观环境常指社区、街坊、建筑物群体及单体、公园、室外环境等，涉及的设计行业主要是：城市设计、建筑设计、室外环境设计、园林设计等；

微观环境一般常指各类建筑物的内部环境，涉及的设计行业一般包括：室内设计、工业产品造型设计等。[3]

（二）按与自然的关系

如果按照与自然的关系可以把环境分成三个部分，即自然环境、半自然环境和人工环境，它们有着各自不同的特点。

自然环境主要指原始状态的自然界，如原始森林、自然保护区和各种自然风景区等，它们基本上没有受到人类开发的影响，仍然保持着原有的生态环境；

半自然环境主要指乡村和公园等，它们既保留了自然的特色，但同时又有较强的人工痕迹，介于自然环境与人工环境之间；

人工环境主要指城市、社区、街坊、道路、建筑物、构筑物等，它们基本上都是由人建造的，是人们生活、工作的主要场所。

（三）按环境组成的元素

如果按照环境大系统的组成元素来看，可以把环境分成三个部分，即硬件部分、弹性部分和隐性部分。[4]

硬件部分：包括建筑物、道路、广场、城市等可见部分；

弹性部分：包括阳光、空气、水、土地、绿化等；

隐性部分：包括人、人群、社会、经济、美学等。

在目前的室内外环境设计中，人们往往比较重视硬件部分的处理，但却经常忽视对弹性部分的保护，亦忘却了隐性部分所起的作用。这种现象必须引起设计师的高度重视。

第三节　环境空间设计

在了解了空间概念和环境概念的基础上，就可以理解"环境空间设计"的内涵和所包括的主要内容。在一般情况下，"环境空间设计"亦常常被称为：空间设计、内外空间设计或室内外环境设计等。

一、设计的概念

在国外，"设计（Design）"一般指：构思、想象、计划、叙述、描写、创作某些事物等。设计的方法既包括向业主解释与交流设计思想，也包括向施工人员传达设计意图。设计要做到对用材和尺度的重视，以及对物质功能与精神功能的强调。

根据我国《辞海》的解释："设计是指根据一定的目的要求，预先指定方案、图样等"。事实上，设计是寻求解决问题的方法与过程，是在有明确目的引导下的有意识创造，是对人与人、人与物、物与物之间关系问题的求解，是生活方式的体现，是知识价值的体现。[5]

二、环境空间设计的内涵

从前述中不难看出，环境空间设计的涵盖范围非常之大，它伴随着人类的出现而出现，伴随着人类对自然、社会及人类本身认识的逐步提高而发展，它几乎涉及人类生活的各个领域。

从专业而言，环境空间设计涉及城市规划（Urban Planning）、景观设计（Landscape Architecture）、建筑学（Architecture）、室内设计（Interior Design）、艺术设计（Art Design）等。

从学科而言，环境空间设计涉及城市规划、城市设计、景观规划、园林设计、种植设计、建筑设计、历史建筑改造、室内设计、产品造型设计、家具设计、视觉传达设计、广告设计等等，内容非常广泛。

上述各专业和学科都有了相当完整的教科书，有些专业还具有非常悠久的历史，因此本书为了突出重点和避免重复，主要选取了室内外环境设计中经常遇见的内容（室内空间、广场空间、街道空间、庭院空间）作为论述重点，以便更加方便、清晰地介绍环境空间设计的基本原理与方法。

注释

[1] 辞海编辑委员会．辞海（1999 年版）．上海：上海辞书出版社，2001.
[2] 中国土木建筑百科辞典（建筑）．北京：中国建筑工业出版社，1999.
[3] 戴复东．全面认识环境、重视有机匹配．建筑师，总 33 期.
[4] 顾孟潮．未来的世纪是生态建筑学时代．建筑师，总 33 期.
[5] 郑时龄．建筑室内设计的当代发展（代序）．建筑室内设计（陈易著）．上海：同济大学出版社，2001.

第二章 空间设计的原则

作为一门学科，空间设计有其自身的原则，只有在设计中遵循这些原则，才可以使空间设计达到理想的境界，取得事半功倍的效果。

第一节 以人为本的原则

以人为本是空间设计中的首要原则，必须引起设计师的充分重视。具体而言，主要表现在舒适（包括安全、功能、细部设计等）、场所精神和无障碍设计等几个方面。

一、舒适

营造舒适的环境是空间设计的首要目标，为了达到这一要求，首先需要满足安全要求，其次要满足使用功能要求，然后还要有良好的与之相适应的细部设计。

（一）安全

安全是人类生存的第一需求，各类空间设计必须确保安全。安全首先表现在建筑物和构筑物的结构方面。结构设计必须稳固、耐用，能够抗击地震、台风、海啸、大雪等自然灾害的侵袭。其次应能应对各种人为意外灾害。如火灾就是一种常见的人为意外灾害，在建筑设计和室内设计中应特别注意划分防火防烟分区，注意选择耐火材料以及设置人员疏散路线等问题；此外，在恐怖主义已成为各国共同防范的问题之时，如何应对恐怖袭击、生化袭击也逐渐引起各界的注意；近年来随着"非典"和"禽流感"事件的发生，如何应对公共卫生突发事件也成为设计师应该考虑的问题。

在外部空间，安全问题还表现为对领域性的重视。领域性（Territoriality）是美国学者奥斯卡·纽曼（Oscar Newman）首先提出的有关外部空间的一个概念。他在研究了人们行为活动与城市形体环境关系的基础上，确认人的各种行为活动要求有相应的空间领域与之相适应，特别在居住环境中提出了一个由私密性空间、半私密性空间、半公共性空间及公共性空间构成的空间体系的设想（图 2-1-1）。如果设计中注意到人的这种心理需求，就可以使人获得比较安宁的心理感受。

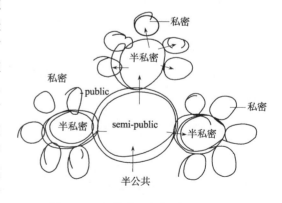

图 2-1-1 纽曼的空间领域性示意图

在此基础上，纽曼进一步将领域性理论应用于住宅区设计，提出了"可防卫空间"

（defensible space）的理论。他指出，对待犯罪只有依靠社区的力量，而不能仅仅依赖个人的力量。构成可防卫空间的各种元素都有一个共同的目的，即把居民潜在的领域感、社会感转化成确保其居住空间安全的责任感，使罪犯感到在这种受居民管理、监督、控制的居住环境中，自己的身份和动机很容易被察觉，因而不敢有犯罪行为，从而保证社区的安全。图2-1-2为南京东关头某住宅群平面简图。其中小院落为半私密空间，供2~4户人家合用；大院落为公共空间，供17户人家共用。大小院落功能不同，领域感亦不同。大院落人多，活动多，供居民交往、纳凉、晾晒和儿童游戏之用；小院落安静，具有一定的私密性。大小院落具有不同的领域层次，也提高了居住空间的安全感。

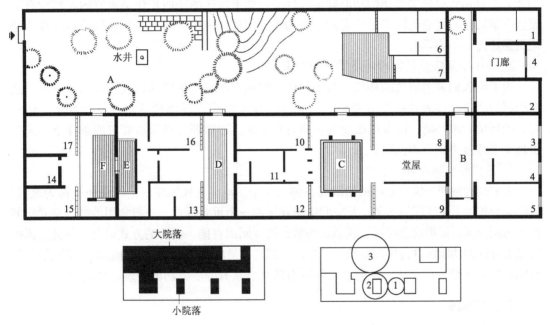

图2-1-2 南京东关头某住宅群平面图

（1—17：各类房间，A：大院落，B—F：小院落，①建筑，②小院落，③大院落）

（二）功能

一般而言，任何空间都是为一定的使用目的建造的，所以，空间设计首先应该满足使用功能的要求，达到合理、方便的目标。

1. 单体空间应满足使用要求

（1）满足人体尺度和人体活动规律

人体的尺度：除了少数情况（如：纪念性空间）之外，空间是为人所使用的，所以空间设计应该符合人的尺度要求，包括静态的人体尺寸和动态的肢体活动范围等。而人的体态是有差别的，所以具体设计应根据具体的人体尺度来确定。如幼儿园和幼儿活动场地的主要设计依据就是儿童的尺度；而老人福利院、老人公寓和老年人活动场地的主要设计依据就是老年人的尺度。

人体活动规律：人体活动规律之一是在动态和静态交替中进行，规律之二是在个人活动与多人活动的交叉中进行。这就要求在空间形式、尺度和家具布置等方面符合人的活动规律，不妨碍人体活动。

（2）按人体活动规律划分功能区域

人在空间内的活动范围可分为三类，即静态功能区、动态功能区和动静相兼功能区。在各种功能区内发生相应的活动，如在静态功能区内有睡眠、休息、看书、办公等活动；动态功能区有行走、运动等活动；动静相兼功能区有交谈、等候、生产等活动。有时候，一个空间可以细分成多个功能区，如小面积住宅中的卧室，往往同时包含睡眠区、交谈区、学习区等几个区域。因此，一个好的设计必须在功能划分上满足多种要求。

（3）符合其使用功能的性质

在一个单一空间里，空间性质以空间的主要使用功能来确定。即使该空间内还有其他功能，一般仍然根据主要使用功能确定其性质。如上所述的小面积住宅卧室内虽然设有交流区、学习区，但它仍以满足卧室的功能为主。因此，一个空间的主要使用功能的性质必须贯穿始终，不应偏离。

2. 单体空间应满足物理环境质量的要求

为了给人们营造舒适的环境，每个单体空间都应该满足相应的物理环境质量要求，这在内部空间设计中表现得尤其明显。空间设计涉及的物理环境包括空气质量环境、热环境、光环境、声环境、以及电磁场等，只有在满足上述物理环境质量要求的条件下，人的生理要求才能得到基本保障。

3. 各功能空间应有机组合

人们经常按照一定的顺序或路线在各种空间中活动，这种顺序或路线往往被称为流线。如何减少各种无关流线的交叉，是空间组织好坏的一个重要标志。一般常用的办法是对空间进行功能分区，即把功能接近、联系较为紧密的空间以直接、便捷的方式组合在一处，再把这些组合好的功能区进行再次组织，经过多次调整，最后达到一个满意的结果，即把各功能空间形成一个统一的整体，使它们之间既有联系、又有分隔，功能合理、使用方便。

二、无障碍

一般情况下，空间设计都是以正常人（身心能力无缺陷的人）为基准来制定设计原则的，而无障碍设计则是主要针对老人、儿童和身心有障碍的残疾人，其中包含许多特殊的设计要求。这里限于篇幅，只简要介绍最常用的一些无障碍设计知识，其他相关内容可以查阅有关设计资料。

（一）残疾人使用的障碍

由于残疾人伤残情况的不同，当他们生活和活动时在室内外空间环境中遇到的障碍主要涉及以下三方面。

1. 行动障碍

残疾人因为身体器官一部分或某些部分的残缺，使得其肢体活动存在不同程度的障碍。因此，能否确保残疾人在水平方向和垂直方向的行动（包括行走及辅助器具的运用等）都能自如且安全，就成为无障碍设计的主要内容之一。在这方面碰到困难最多的肢体残疾人有：

（1）轮椅使用者

在现有的生活环境中，服务台、营业台以及公用电话等，它们的高度往往不适合乘轮椅者使用；小型电梯、狭窄的出入口或走廊给乘轮椅者的使用和通行带来困难；大多数旅馆没有方便乘轮椅者使用的客房；影剧院和体育场馆没有乘轮椅者观看的席位；很多公共场所的洗手间没有安全抓杆和轮椅专用厕位……，这些都是轮椅使用者会碰到的障碍。此外，台阶、陡坡、长毛地毯、凹凸不平的地面等也都会给轮椅通行带来麻烦。

（2）步行困难者

步行困难者是指那些行走起来困难或者有危险的人，他们行走时需要依靠拐杖、平衡器或其他辅助装置。大多数行动不便的高龄老人、一时的残疾者、带假肢者都属于这一类。不平坦的地面、松动的地面、光滑的地面、积水的地面、旋转门、弹簧门、窄小的走道和入口、没有安全抓杆的洗手间等都会给他们带来困难。他们的攀登动作也有一定的困难，因此没有扶手的台阶、踏步较高的台阶及坡度较陡的坡道，对步行困难者往往也构成了障碍。

（3）上肢残疾者

上肢残疾者是指一只手或者两只手以及手臂功能有障碍的人。他们的手的活动范围及握力小于普通人，难以完成各种精巧的动作，灵活性和持续力差，很难完成双手并用的动作。他们常常会碰到栏杆、门把手的形状不合适，各种设备的细微调节发生困难，高处的东西不好取等种种行动障碍。

除了肢体残疾人之外，视力残疾者同样面临很多障碍。对于视力残疾者来说，柱子、墙壁上不必要的突出物和地面上急剧的高低变化都是危险的，应予以避免。总之，空间中不可预见的突然变化，对于残疾人来说，都是比较危险的障碍。

上述行动不便者一般都需要借助手动轮椅或电动轮椅来完成行走，有些则需要借助手杖、拐杖、助行架行走。

2. 定位障碍

在空间中的准确定位将有助于引导人们的行动，而定位不仅要能感知环境信息，而且还要能对这些信息加以综合分析，从而得出结论并做出判断。视觉残疾、听力残疾以及智力残疾中的弱智或某种辨识障碍都会导致残疾人缺乏或丧失方向感、空间感或辨认房间名称和指示牌的能力。

3. 交换信息障碍

这一类障碍主要出现在听觉和语言障碍的人群中。除了在噪声很大的情况下，完全丧失听觉的人为数不多。大多数听觉和语言障碍者利用辅助手段可以听见声音，此外还可以用哑语或文字等手段进行信息传递。但是，在出现灾害的情况下，信息就难以传达了。在发生紧急情况下，警报器对于听觉障碍者是无效的，点灭式的视觉信号可以传递信息，但在睡眠时则无效，这时枕头振动装置较为有效。另外，门铃或电话在设置听觉信号的同时还应该有明显的易于识别的视觉信号。

（二）无障碍设计

残疾人存在各种不同的功能障碍，其行为能力及方式也各不相同，这里主要以知觉残疾（听力和语言残疾、视力残疾）和肢体残疾，尤其是轮椅使用者为对象来进行探讨。

1. 轮椅的空间尺寸要求

对于残疾人来说，轮椅是一种非常重要的工具，轮椅的尺寸、特性对于无障碍设计而言具有非常重要的价值。建筑空间中的门、残疾人卫生间、电梯轿厢、走道、坡道等的尺寸都与轮椅有关。

对于轮椅而言，轮椅使用者手臂推动轮椅时需要的最小宽度是800mm，所以剧院中轮椅席的宽度为800mm，深度一般为1100mm。两个轮椅席位的宽度约为三个观众固定座椅的宽度。图2-1-3为标准轮椅各部位名称及尺寸，图2-1-4为乘轮椅者使用设施尺度参数，图2-1-5则表示轮椅席位的面积。

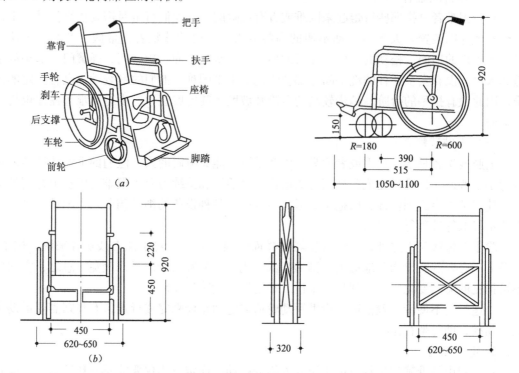

图 2-1-3　标准轮椅各部位名称及尺寸（mm）

(a) 轮椅各部位名称；(b) 轮椅各部位尺寸

一辆轮椅通行的净宽为900mm，因此，走道的宽度不得小于1200mm，这是供一辆轮椅和一个人侧身而过的最小宽度。当走道宽度为1500mm的时候，就可以满足一辆轮椅和一个人正面相互通过，还可以让轮椅能够进行180°的回转。如果要能够同时通过两辆轮椅，走廊宽度需要在1800mm以上，这种情况下，还可以满足一辆轮椅和拄双拐者在对行时对走道宽度的最低要求（图2-1-6）。

2. 坡道

台阶在空间中到处可见，但是对于乘坐轮椅的人来说，哪怕是一级台阶的高差也会给他们的行动造成极大的障碍。为了避免这一问题，很多空间中设置了坡道。坡道不仅对坐轮椅的人适用，而且对于高龄者以及推婴儿车的母亲来说也十分方便。

坐轮椅者靠自己的力量沿着坡道上升时需要相当大的腕力。下坡时，变成前倾的姿态，如果不习惯的话，会产生一种恐惧感而无法沿着坡道下降，还会因为速度过快而发生与墙壁的冲撞甚至翻倒的危险。因此，坡道纵断面的坡度最好在1/14（高度和长度之比）以下，一般也应该在1/12以下（图2-1-7）。坡道的横断面不宜有坡度，如果有坡度的话，轮椅会偏向低处滑去，给直行带来困难。同样的道理，螺旋形、曲线型的坡道不利于轮椅通过，应尽量避免。

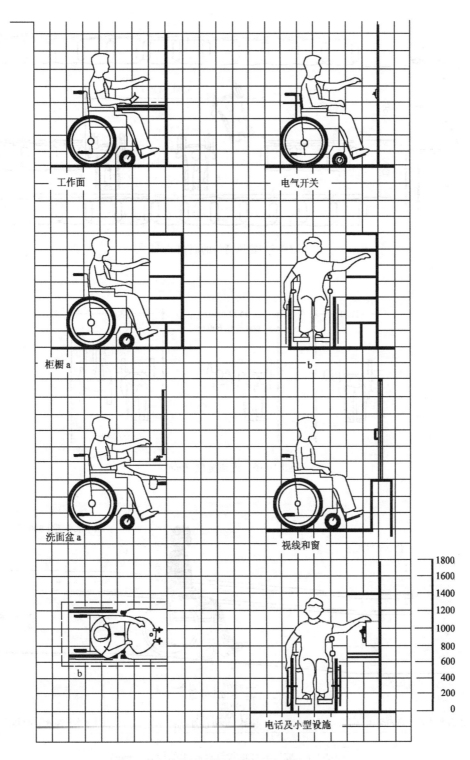

图 2-1-4　乘轮椅者使用设施尺度参数（mm）

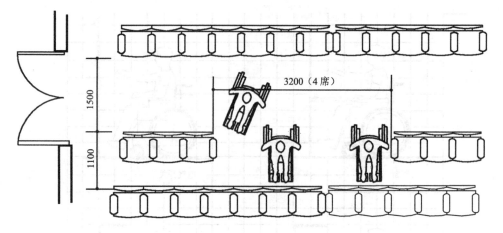

图 2-1-5　轮椅席位的面积（mm）

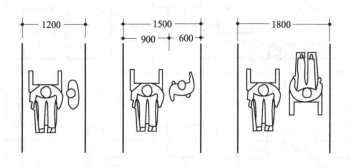

图 2-1-6　走道宽度（mm）

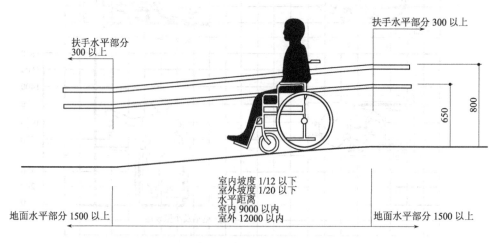

图 2-1-7　坡道的坡度设计及扶手的位置（mm）

按照无障碍建筑设计规范中的要求，在较长的坡道上每隔 9m 左右就应该设置一处休息空间，以策安全。轮椅在坡道途中做回转也是非常困难的事情，在转弯处也需要设置水平的停留空间。坡道的上下端也需要设置加速、休息、前方安全确认等功能空间。这些停留空间必须满足轮椅的回转要求，因此最小尺寸为 1500mm × 1500mm。当停留空间与房间出入口直接连接时，还需要增加开关门的必要面积。

在没有侧墙的情况下，为了防止轮椅的车轮滑出或步行困难者的拐杖滑落，应该在坡道的地面两侧设置高 50mm 以上的坡道安全挡台（图 2-1-8）。

3. 楼梯和台阶

楼梯和台阶是实现垂直交通的重要设施。楼梯和台阶的设计不仅要考虑健全人的使用需要，同时也要考虑残疾人和老年人的使用需求。

楼梯和台阶的位置应该易于发现，光线要明亮。在踏步起点和终点 250～300mm 处，应设置宽 400～600mm 的提示盲道，告诉视觉残疾者楼梯所在的位置和踏步的起点及终点（图 2-1-9）。另外，如果楼梯下部能够通行的话，应该保持 2200mm 的净空高度；高度不够的位置，应该设置安全栏杆，阻隔人们进入，以免产生碰撞事故。

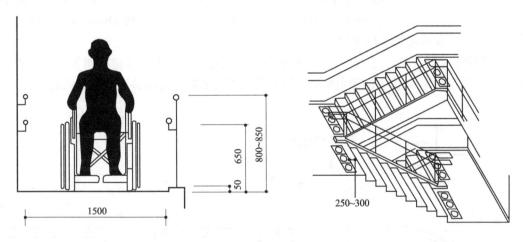

图 2-1-8　坡道两侧扶手和安全挡台的高度要求（mm）　　　　图 2-1-9　楼梯盲道位置（mm）

楼梯的形式以每层两跑或者三跑直线形梯段最为适宜，应该避免采用单跑式楼梯、弧形楼梯和旋转楼梯。此外，应采用有休息平台的楼梯，且在平台上尽量不设置踏步。楼梯两侧扶手的下方也需设置高 50mm 的踏步安全挡台，以防止拐杖向侧面滑出而造成摔伤（图 2-1-10）。

当残疾人使用拐杖时其接触地面的面积很小，很容易打滑。因此，踏步的面层应采用不易打滑的材料并在前缘设置防滑条。设计中应避免只有踏面而没有踢面的漏空踏步，因为这种形式容易造成拐杖向前滑出而摔倒致伤的事故，给下肢不自由的人们或依靠辅助装置行走的人们带来麻烦。另外亦不应采用突缘为直角形的踏步（图 2-1-11）。

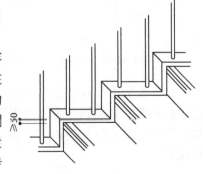

图 2-1-10　踏步安全挡台（mm）

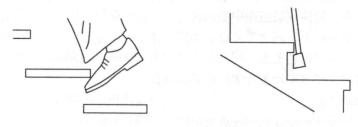

图 2-1-11　不宜采用无踢面踏步和突缘直角形的踏步

4. 扶手

扶手是为步行困难的人提供身体支撑的一种辅助设施，也有避免发生危险的保护作用，连续的扶手还可以起到把人们引导到目的地的作用。

扶手安装的位置、高度和选用的形式是否合适，将直接影响到使用效果。即使在楼梯、坡道、走廊等有侧墙的情况下，原则上也应该在两侧设置扶手。同时尽可能比梯段两端的起始点延长 300mm，这样可以起到调整步行困难者的步幅和身体重心的作用（图 2-1-12）。在净宽超过 3000mm 的楼梯或者坡道上，在距一侧 1200mm 的位置处应加设扶手，以使两手都能获得支撑。

扶手应该是连续的，柱子的周边、楼梯休息平台处、走廊上的停留空间等处也应该设置扶手（图 2-1-13）。扶手的颜色要明快且显著，以使弱视者也能够比较容易识别。

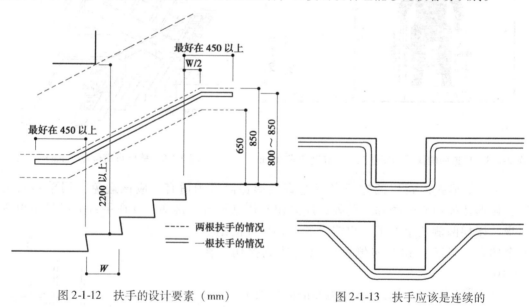

图 2-1-12　扶手的设计要素（mm）　　　　图 2-1-13　扶手应该是连续的

扶手要做成既容易扶握又容易握牢的形状，扶手的各种断面形式见图 2-1-14。一般扶手的端部都做成圆滑曲面或者直接插入墙体之中。扶手与墙面要保持 40mm 的距离，以保证突然失去平衡要摔倒的人们不会因使用扶手而发生夹手现象，同时也能很容易地抓住扶手。

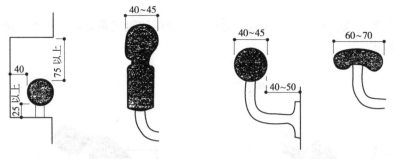

图 2-1-14　扶手的断面形式（mm）

坡道上的扶手一般做两层，高度分别为 650mm 和 850mm（图 2-1-7 和图 2-1-8）。

5. 小品或街具

小品、街具和内部家具也是无障碍设计的重要内容，设计时应避免因选用不当而引发可能造成的对残疾人的伤害或危险。由于家具设计比较独立，可查阅其他有关资料，这里主要介绍常见小品的一些要求。

服务台：其形式各异。对于轮椅使用者来说，如果服务台的高度大于 800mm，下部又不能插入轮椅脚踏板的话，使用起来会很不方便；而对于使用拐杖的人来说，则需要设置座椅及拐杖靠放的场所。

公用电话：公共空间内至少应有一部公用电话可以让轮椅使用者使用。对于轮椅使用者来说，电话机的中心应设置在距离地面 900～1000mm 的高度，电话台的前方要有确保轮椅可以接近的空间。对于行动不便的人来说，为保证站立时的安全，两侧要设置扶手，并提供拐杖靠放的场所（图 2-1-15）。

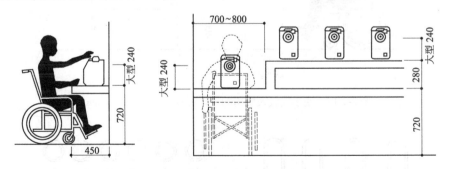

图 2-1-15　残疾人使用的电话台高度（mm）

饮水器：饮水机的下方要求留出能插入轮椅脚踏板的空间。开关统一设置在前方，最好是既可用手又可用脚来操作的，高度通常在 700～800mm 之间（图 2-1-16）。

自动售货机：操作按钮高度宜为 1100～1300mm，同时为了确保轮椅使用者能够接近，其前方要留有一定的空间。取物口及找钱口的位置应高于地面 400mm 以上（图 2-1-17）。

6. 盲道

视残者往往在盲杖的辅助下沿墙壁或栏杆行走，他们的脚一般离墙根处约 300～350mm；在宽敞的空间中行走时，他们会用盲杖做左右扫描行动以了解地面情况，扫描的幅度约为 900mm。有些情况下，视残者也通过电子仪器、红外线感应、光电感应等传感器来指导行动。

　　盲道是为视觉残疾者布置的设施，通过改变地面的肌理来提示视残者，图 2-1-18 即为常见的盲道形式。

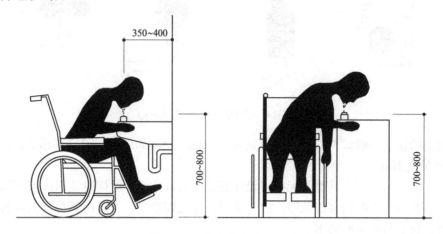

图 2-1-16　饮水器高度（mm）

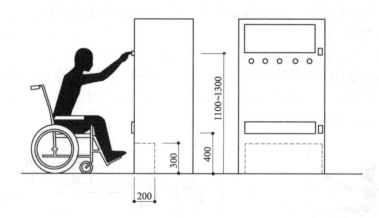

图 2-1-17　便于残疾人使用的自动售货机尺寸要求（mm）

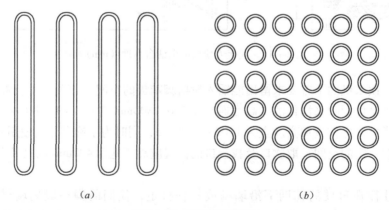

（a）　　　　　　　　　　　（b）

图 2-1-18　常用盲道图案
（a）行进盲道；（b）提示盲道

除此之外，盲文、触摸式的标志或符号、发声标志、强烈的色彩对比也可以为视残者提供各种帮助（图2-1-19）。

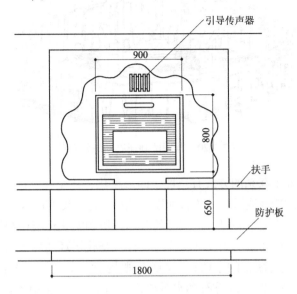

图 2-1-19　盲文加上语音提示的触摸式平面图（mm）

三、场所理论

场所理论是建筑学领域的重要理论，其代表人物是诺伯格·舒尔茨（Norberg-Schulz）。场所理论注重处理空间与人的需要，空间与文化、历史、社会和自然等条件的联系，它不仅仅关注空间与形体、空间与美学之间的关系，而且同时关注社会文化价值以及人们在空间环境中的体验。按照场所理论，"空间"一般是指由构件和界面所围合的供人们活动、生活、工作的空的部分。当空间从社会文化、历史事件、人的活动及地域特定条件中获得文脉意义时才可称为"场所（Place）"。每一场所都是独特的，具有自身的特征，这种特征既包括各种物质属性，也包括较难触知体验的文化联系和人类在漫长时间跨度内因使用它而使之具有的某种环境氛围。

（一）场所

舒尔茨认为，场所是具有清晰特性的空间，是生活发生的地方，是由具有形态、质感及颜色的具体的物所组成的一个整体。它由人、动物、花鸟、树木、水、城市、街道、住宅、门窗及家具等组成，包括日月星辰、黑夜白昼、四季与感觉，这些物体与知觉的总和决定了一种"环境的特质"，亦即场所的本质。

设计师的任务正是创造有意义的场所。原始时代的人们通过建造出"石环"这样一类巨大的构筑物（图2-1-20），使得空间有了明确的边界限定。"石环"圆圈的外部是广袤无垠的未知自然，而圆圈的内部则是具有清晰特性的、为人的劳动和意识改造了的人为场所，石环内外的区分给人以在世存身的　个立足点。设想一个置身于无边沙漠或茫茫林海的人，当其无法辨别位置和方向，不知自己置身何处时，这种无明确边界的空间对他毫无意义。只有当人造物或者建筑物界定了一个具有明确特性的空间范围，人才能与环境发生联系，人"吸收"了环境，物"诠释"了自然，场地（site）才能转变为有意义的"场所（place）"。

图 2-1-20　英国萨利斯巴利原始石环

　　人为场所与自然发生联系的方式有三种，即形象化、补充和象征。"形象化"指人将自己理解的自然和环境的特性通过设计语言加以表达和强化。皮亚诺（Renzo Piano）在设计新喀里多尼亚的特吉巴欧文化中心时，从周围的自然环境和文化环境中得到灵感，通过巧妙的建筑外观和材料处理，使建筑与周围环境浑然一体，强化了环境特色（图 2-1-21）。"补充"指设计作品附加给环境所缺少的东西；"象征"则是把一个理解了的世界再现在另一个场所。例如中国园林师法自然，以叠石和水景象征山川景色，"虽由人作，宛自天开"，达到如诗如画的意境，它不是简单的符号化，而表达了人对生活世界的理解（图 2-1-22）。

图 2-1-21　皮亚诺设计的特吉巴欧文化中心

　　舒尔茨进一步指出："定居（dwelling）"是人为场所的基本内涵，是建筑的目的。原始人寻觅一个合适住所的本能驱使人们将世界具体化为建筑或器物，逐渐出现了蜂巢形石屋、圆形树枝棚、帐篷以及长方形的房屋。早期建筑文明是原始人对自然理解的具体表现。"居"是存在的根本特性，它不仅仅是一个遮风避雨的庇护所，也是我们成长和生活发生的场所。选择了一个居所，即选择了与他人的关系、与环境的关系。场所是人、建筑和环境组成的整体，当人体验到场所的意义时，他就有了"存在的立足点（existential foothold）"，也就定居了。

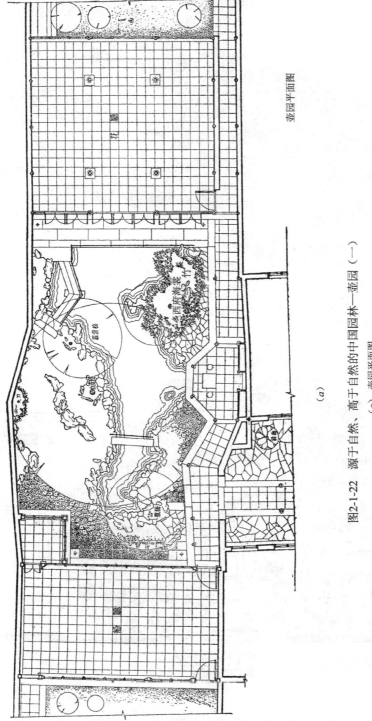

图2-1-22 源于自然、高于自然的中国园林—壶园（一）

(a) 壶园平面图

壶园鸟瞰（由东南望西北）

(b)

壶园北视剖面

1:30   2M

(c)

图 2-1-22　源于自然、高于自然的中国园林—壶园（二）

(b) 由东南望西北的壶园鸟瞰图；(c) 壶园北视剖面图

（二）场所精神

"场所精神"（spirit of place）也就是场所的特性和意义。在中国传统建筑中，由"墙"包围的空间无所不在，院墙、宫墙、城墙乃至长城，环环相套，墙围合成的院落是生存环境的基本单元。院落模式作为一种群体空间组合方式，千百年来不断延续和发展，广泛应用于宫殿、民居、佛寺和园林等各种类型的建筑。在民居的四合院中，庭院供劳作休憩，听细雨敲窗，看斜阳西下，感四季荣枯，是充满活力的生命之源（图2-1-23），而北京故宫中轴线上的各类开敞空间，尺度威严，只能从中品味到帝王将相的尊贵，少有与自然相亲的感觉（图2-1-24）。庭院空间带给人们不同的感受是因为它一旦与特定的人的活动发生联系，便具有一定的"特性"，成了"场所"。场所具有吸收不同内容的能力，它能为人的活动提供一个固定空间。场所不仅仅适合一种特别的用途，其结构也并非固定永恒，它在一段时期内对特定的群体保持其方向感和认同感，即具有"场所精神"。

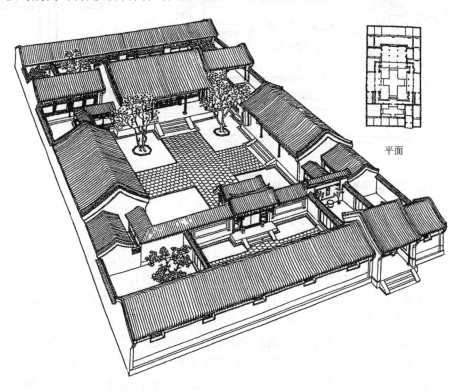

平面

图2-1-23　北京典型四合院住宅鸟瞰图、平面图

"方向感"（orientation）是指人辨别方向，明确自己同场所关系的能力。这意味着任何含义都可以体验成广泛时空秩序的组成部分，使人产生安全感。如北京故宫的庭院空间通过严整的轴线序列组织起来，融入了儒家礼制的伦理规范：男女有别，上尊下卑，父慈子孝，形成了明确的方位系统。

"认同感"（identification）意味着"与特殊环境为友"。人的生活早在他有自主的、独立的思维能力以前就已开始，与环境特质的联系常在儿时自发地形成。孩子们在绿色、棕色或白色的空间内长大，在草地、泥土或石块上行走，听到鸟语花香，感受风吹雨打，他们便认识了自然，记住了家乡的一草一木。对于现代都市人而言，与自然环境的友谊已变成一种片段的关系，他更多地与人为环境发生联系。

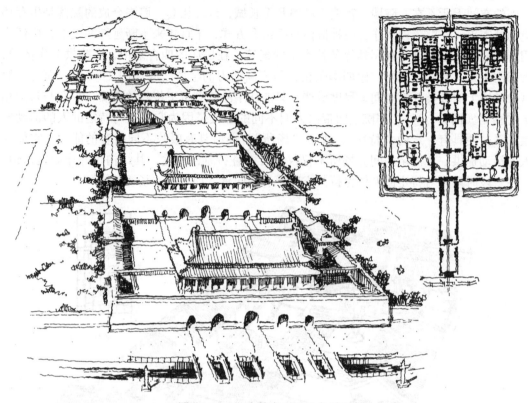

图 2-1-24　北京故宫平面及鸟瞰图

　　场所精神是环境特征集中和概括化的体现，通过定向和认同，人和场所精神产生了互动。按照感受特征可以将场所分为四种类型：浪漫式的场所具有强烈的"气氛"（atmosphere）——诸如幻想的、神秘的、亲切的、田园的，其通常旨在表现活泼和动态的情趣，园林即属于这一类；宇宙式场所可被视为一个整合的逻辑系统，它是理性的和抽象的，其形态特征是极端的几何形，常常是规则的格网和直交的轴线，如故宫和天坛的布局方式；古典式场所则既有逻辑又不失情调，既有几何特征又有自由性格，比如民居建筑；复合式场所则是以上三种类型的结合。一个成功的设计师必须准确把握某一场所的整体感受，并运用适当的空间设计语言使之具体化。

　　场所理论是一个非常重要的理论，它要求空间来源于生活，服务与生活，成为生命的一部分，是一种很可取的方法。[1]

第二节　关注生态和可持续发展的原则

　　"可持续发展"（sustainable development）的概念形成于 20 世纪 80 年代后期，1987 年在名为《我们共同的未来》（Our Common Future）的联合国文件中被正式提出。尽管关于"可持续发展"概念有诸多不同的解释，但大部分学者都认同《我们共同的未来》文件中的解释，即"可持续发展是指应该在不牺牲未来几代人需要的情况下，满足我们这代人的需要的发展。这种发展模式是不同于传统发展战略的新模式。"文件进一步指出："当今世界存在的能源危机、环境危机等都不是孤立发生的，而是由以往的发展模式造成的。要想解决人类面临的各种危机，只有实施可持续发展的战略。"

实现可持续发展，涉及人类文明的各个方面。城市、建筑、园林、内部空间是人类文明的重要组成部分，它们不但与人类的日常生活有着十分密切的关系，而且又是耗能耗材的主要方面，它们消耗着全球总能耗的 50% 以及大量的钢材、木材和金属。因此如何在空间设计中贯彻可持续发展的原则就成为十分迫切的任务，是我们当代设计师义不容辞的责任。

在发达国家，设计师们提出了"5R"设计原则。5R 是指 5 个 R 开头的英文字母，即 revalue（再思考），renew（更新改造），reduce（减少各种不良影响），reuse（再利用），recycle（循环利用）。5R 原则对于减少对自然环境的破坏，促进全球的可持续发展具有重要的现实意义。

一、再思考

Revalue 在这里是"再认识，再思考，再评价"的意思，主要是指提高全民的生态意识，使人们重新思考以前习以为常的做法是否有利于可持续发展的原则，使全体公民真正认识到可持续发展与生态保护的重要性并具备基本的生态常识，从而使生态化空间设计在实际建设过程中能够得到从上至下的认同与支持。作为设计师应该重新思考人与空间、人与环境的关系，重新思考人的建造行为究竟给自然带来了什么，探索如何在确保对自然破坏最小的前提下进行设计、建造和使用等一系列问题。

从可持续发展角度来看，任何建设活动都会占用土地，都会消耗大量能源和材料，而且在其使用过程中还将继续不断地消耗能源与材料。就建筑物而言，据欧盟能源研究机构的统计：以欧洲国家为例，大约 3/4 的能量消耗以及大约相同级别的碳化合物排放都来自建筑和交通[2]，而其中大约 1/2 的能量用于建筑的供热、制冷、照明和通风等设备的运作。据统计，在我国，南方地区（如上海）建筑总能耗相当于城市总能耗的 25.4%，[3] 如此看来，建筑真可谓是耗能大户。与此同时，建筑物建造、使用过程中所排放的 CO_2 及其他有害气体正成为温室效应、全球变暖、酸雨和臭氧层破坏的直接原因之一。

此外，在建筑物的建造、使用过程中废弃物的产生与日俱增。目前产生的固体废物除 40% 被利用外，大部分处于简单堆放、任意排放的状态。目前我国每年的废污水排放总量已经达到了 620 亿吨，[4] 其中大部分未经处理就直接排入了江河湖泊。再有，过量建设对土地资源造成巨大的浪费，建设活动改变了土壤的质地和结构，同时建设过程常导致土壤含水量减少和地下水位降低。这些无疑都对环境产生了极大的负面影响，其中有许多是不可逆转的，应该引起充分的重视。

所以，作为设计师必须重新审视和认识自身的职业责任，加强生态意识，通过运用自己的专业知识尽量减少建设活动对大自然产生的伤害和不利影响。这种深入的"再思考"是必须的，它将有助于设计师树立符合可持续发展思想的价值观，为生态化设计奠定思想基础。

二、更新改造

Renew 有"更新"、"改造"之意。在这里，常常是指对原有建筑物、原有空间的更新改造。前一节的分析告诉我们：建造活动会占用宝贵的土地，消耗大量的资源和能量，同时又会产生很多建筑垃圾，这都会对环境产生很大的负面影响。因此，如果能充分利用现有的质量较好的建筑和空间，对其进行更新改造，满足新的功能需要，就可以节约土地，大大减少资源的消耗和降低能耗。同时，也能减少因大拆大建而产生的废弃物。

随着西方社会后工业文明的兴起和对节约能源的共识，人们日益推崇对原有建筑、原有空间尤其是那些具有一定历史意义并能继续使用的建筑物的更新利用。近年来，这种改造利用在西方发达国家已经十分普遍。最初，对历史建筑的更新利用在很大程度上是出于保护城市文脉、保护城市中心区特色、促进城市中心区复兴等因素的考虑，时至今日，这种做法所蕴含的生态价值日益体现出来。在改造利用的过程中，人们重新认识历史建筑的价值，维修历史文物建筑，有节制地进行城市骨架和街道网络的改造，使大多数新建筑在尺度和形式上寻求与原有建筑的协调，达到视觉上的连续性。许多案例常常维持原有建筑的传统风格外貌，而对内部进行更新，使其满足现代使用要求。这种做法既维修、保护了历史建筑，增加了中心地区的吸引力，又充分体现了可持续发展的原则。[5]

产业建筑的更新利用也是旧建筑更新改造工作中的重要组成部分。国外产业建筑的改造具有多样化的特点，旧厂房、废弃码头甚至旧监狱都可作为改造对象，有很多经验值得借鉴。国外对于旧产业建筑"宁留不拆"的做法，一方面是为了减少因拆除厂房产生的建筑垃圾对环境的压力，另一方面也是为了保存城市的历史记忆。一些旧厂房内原有的绿地，以及运动场地之类的小型配套设施在改造过程中重新焕发出活力。在我国的北京、上海等地，有不少产业建筑成功改造的例子，许多厂房被改造成艺术家工作室、画廊甚至餐厅等用途。在保留原来厂房结构和外观的基础上，在内部的大空间中重新布局，满足新的需要。废弃产业建筑的更新利用往往会为城市提供极富特点的场所，成为城市区域更新的催化剂，带动相邻区域的复兴，给城市带来新的生机。

此外，一般性建筑的改造，像居住功能转换的建筑改造、以及原有建筑的节能改造等越来越多的建筑改造问题正在逐渐引起人们的注意。总之，旧建筑的更新改造是一个涉及范围很广的领域，它既符合可持续发展原则的要求，同时也极富商机，应该引起政府、开发商、设计人员的广泛关注和投入。

三、减少各种不良影响

Reduce 意指"减少"。这里主要指减少对自然的破坏，减少能源的消耗以及减少对人体的不良影响。首先，在设计中应尽量减少建筑物的占地。英国经济学家 E. F. 舒马赫（E. F. Schumacher）在《小的就是美好的》（Small is Beautiful）一书中提到："在物质资源中，最大的资源无疑是土地"，"调查研究一个社会如何利用它的土地，你就能得出这个社会未来将是怎样的相当可靠的结论"。土地是不可再生资源，我国人口众多，土地资源极其贫乏，节约土地资源尤其显得非常重要。近十几年，我国人口每年以 1000 万的速度递增，耕地却以平均每年相当于 1 个中等县的面积减少。我国人均耕地为 1.5 亩，不及世界水平的一半。[6]目前，一些开发商为了降低地价，到郊县购置大片农田进行开发，而这些农田已被耕作多年，有些甚至是高产的良田，这种开发模式对土地资源形成极大的威胁。另外，应该在建设过程中避免或禁止采用黏土砖，推广环保建材（如采用由电厂排出的粉煤灰而制成的砖和利用废木料屑制成的砖等），避免对土地特别是耕地造成不必要的侵占和浪费。

节水也是减少资源消耗、保护环境的重要一环。我国是缺水国家，人均水资源不足世界平均水平的1/4，大部分城市中均存在着缺水问题。因此，应该首先在建设过程中合理用水，减少浪费。其次，应该在规划过程中考虑设立雨水收集系统、污水处理系统，就地把污水变成中水（又称灰水 grey water）。另外，在洁具选择上也要鼓励选用高质量的节水型洁具，如目前已经开发出的节水型抽水马桶、淋浴器等，可以大大提高节水效果。国外在节水方面作了很多研究，一些成果也值得我们借鉴。例如，在德国汉堡有一种不需要用水冲的旱厕所，这种旱厕所的马桶与普通马桶外观完全一样，但在马桶下有一根很粗的管子直通地下室的堆肥柜，粪便在堆肥柜里发酵成熟。由于地下室有通风系统，堆肥柜有通风管伸出屋顶，平时不打开堆肥柜就不会有臭味。这种厕所每月只需抽一次尿液、撒一次盐和一些树皮以加快发酵。这样做不但节省了水资源，而且几年一次掏出的肥可施放到花园中作为肥料。这种厕所需的地下室和一些设备，成本为1万多马克，但由于汉堡市排污费比水费高2倍，因此这种旱厕不仅无需排污，且经济实用。[7]

在建筑设计中，如何减少能源消耗也是目前人们广泛研究和关注的问题。作为设计师，首先应该尽量结合气候，采用自然通风、自然采光的方法，减少建筑物对能源的依赖。在自然通风采光无法形成舒适的内部物理环境而不得不采取人工照明和空调设施时，则应通过良好的建筑热工处理，以充分提高能源的利用率，从而达到节能的目标。目前我国在这方面还远远落后于发达国家。把符合我国新标准的采暖住宅与气候条件相似的发达国家相比，我国住宅围护结构的传热系数，外墙约为发达国家的2.6～3.6倍，屋顶约为3.2～4.2倍，外窗约为1.4～2.0倍，门窗空气渗透约为3～6倍。综合多种因素分析，我国采暖住宅单位建筑面积的能耗约为气候条件相近的发达国家的2倍左右。[8]因此，如何在建筑物设计中融入节能的概念将是一个十分重要的课题。当然，节能不是以降低室内舒适度为代价的。减少建筑物的能源消耗需要对围护结构的每一个部位和材料都进行全面系统的优化设计，通过建筑外墙的保温处理、窗户的遮阳处理、室内新风处理等手段，在保持室内舒适度的前提下，达到冬季减少供热量、夏天减少制冷量，从而减少能源消耗。此外，在提倡节能的同时，还要注意能源选择问题，应该尽量考虑可再生能源特别是太阳能的使用。只有经过这样全面的考虑，才能从根本上解决能源紧缺的问题。

对于建筑物可能排放出的废气、废水等也要有充分的估计，事先采取各种措施，减少对环境的污染。为了减少住宅小区内各类污染源，除了加强物业管理外，还需要从硬件条件给予考虑。需要提供满足住宅小区居民需要的绿地和园林，净化空气，调节小区内的温度、湿度，吸尘降噪，为住户提供优质的生活环境。

室内环境对于人们的健康有着至关重要的影响。如果建筑材料和装饰材料选择不当，会造成房间内甲醛、二甲苯、酮类、酯类含量过高，导致"居室污染综合症"的发生，严重影响人们的身体健康。因此，一定要把好建筑材料和装饰材料的选择关，同时还应加强通风，补充新鲜空气，改善室内空气质量。

总之，Reduce原则从源头出发保护了自然，节约了资源，减少了污染物的排放，这是实施可持续发展原则的重要保证。

四、再利用

Reuse 有"再利用"、"重复使用"的含义。对于设计师而言，一般是指重复使用一切可以利用的材料、构配件、设备和家具等。其实，建筑物中的很多构件，如钢构件、木制品、玻璃、照明设施、管道设备、砖石配件等都有重复使用的可能性。通过再利用，可以提高材料的利用效率，防止其过早成为垃圾。

发达国家鼓励人们在拆除建筑物的时候把拆下的建筑材料和房屋构件进行分类，分为可重复使用材料、单一的可循环使用材料、组合的可循环使用材料以及不可循环使用材料等，并对每类材料提出相应的处理方法。如可重复使用的材料通常包括：钢结构构件、木材、门窗、家具、尚可使用的围护结构等，这些材料由专门的厂家回收并进行整理维修，以便再次利用。我国虽然有物资回收利用的传统，但目前对可重复利用建材的管理还基本处于无序的状态，有待进一步完善发展。

Reuse 原则需要在我国建立起一套成熟的二次使用建材的管理系统，将可重复利用的建材集中起来，为日后的使用创造条件。作为设计师也应该树立新的选材思想，在选材时充分考虑利用以往材料与设备的可能性，同时也应该考虑目前选用的材料今后被重复使用的可能性。

五、循环利用

Recycle 是"循环使用"的意思。循环使用主要是根据生态系统中物质不断循环使用的原理，尽量节约利用物资和紧缺资源。这在废水处理过程中表现得尤为明显，中水利用系统即是典例。中水是指生活废水经处理后达到规定的水质标准，并能在一定范围内重复使用的非饮用水。中水可以用于厕所冲洗、园林灌溉、道路保洁、汽车洗刷及景观用水、冷却用水等，可以大大缓解用水紧张的情况。

建筑材料的循环利用也已成为各国的研究方向。目前全世界使用的金属材料中，钢铁所占的比例为90%以上，随着矿产资源的逐渐枯竭，废钢铁必将成为钢铁生产的主要原材料来源。钢材的回收利用相对比其他建筑材料容易，但由于目前钢材种类繁杂，含有多种合金元素（如锰、铬、铜、镍等），金属涂层（如锡、锌）和装修涂层（如油漆、塑料等），使得回收的废钢铁化学成分复杂。使用废钢来生产新材料容易导致材料性能的下降，目前国内外都在研究如何在降低成本的前提下更好地从废钢中提炼优质钢材的方法。

废玻璃可以长期存在于自然环境中而无法降解消除，因而对环境的不良影响和危害很大，所以废玻璃的回收利用技术是具有重要可持续发展意义的技术。废玻璃的传统利用技术是使用80%的废玻璃生产深色瓶罐玻璃。一般加入10%的废玻璃，可节能2%~3%。另外，利用废玻璃还可以生产玻璃微珠、玻璃砖、玻璃棉等多种具有重要使用价值的新型材料，进一步扩大了生态建材产品的品种和范围。

此外，垃圾、污水、农业废弃物等都可以通过物理化学、生物化学等方法产生能源，这种再生能源是减少污染、利用废物的有效途径，应优先选用。例如在农村地区，可将生活垃圾、人畜粪便等放入沼气池产生沼气和生产肥料，做到无废无污，循环利用。

总之，5R 原则从思想认识以及输入、使用过程、输出等各方面提出了生态化设计应注意的问题以及可能采取的具体措施，应当成为设计师遵循的基本原则之一。

第三节　高技术与高情感并重的原则

当今时代科技发展一日千里，技术越来越成为改变人们生活方式的重要工具，也成为设计师表达设计思想的有力手段。与此同时，人们也更加体会到情感和文化的重要性，出现了高技术与高情感并重的局面。

一、通过现代技术突出时代特征

自进入机器大生产时代以来，设计师就一直试图把最新的工业技术应用到建筑中去，萨伏依别墅和巴塞罗那展览会中的德国馆等都是其时运用新技术的佳例。20世纪50年代以后，西方各国的科学技术得到了新的发展，技术的进步更加显著地影响到整个社会的发展，同时还强烈地影响了人们的思想，人们更加认识到技术的力量和作用。因此，如何在设计中运用最新的技术一直是不少设计师探索的话题。巴黎的蓬皮杜中心和香港汇丰银行工程堪称这种倾向的范例。

蓬皮杜国家艺术与文化中心建成于1976年，其最大特点就在于充分展示了现代技术本身所具有的表现力。大楼暴露了结构，而且连设备也全部展示于外了。在东立面上挂满了各种颜色的管道，红色的是交通设备，绿色的为供水系统，蓝色的是空调系统，黄色的是供电系统。面向广场的西立面上则蜿蜒着一条由底层而上的自动扶梯和几条水平向的多层外走廊。蓬皮杜中心的结构采用了钢结构，由钢管柱和钢桁架梁所组成。桁架梁和柱的相接亦采用了特殊的套管，然后再用销钉销住，目的是为了使各层楼板有升降的可能性。至于各层的门窗，由于不承重而具有很好的可变性，加之电梯、楼梯与设备均在外面，更保证了内部空间使用的灵活性，达到平面、立面、剖面均能变化的目的（图2-3-1～图2-3-3）。

香港汇丰银行建成于20世纪80年代，耗资52亿港元，是当时世界上造价最高的建筑物之一，被詹克斯（C. Jencks）称为"世界第八大奇观……不是概念中的建筑，而是巨大尺度的工业设计的精湛表示"。在设计中不用传统的木材、水泥、砖石、纺织品及墙纸。室内除地面外几乎都是构造、结构及设备等表面的金属材料与玻璃，色彩也严格限于灰白、银白及黑三色。墙体为带表面装修的箱式防水不锈钢板，内有空调管道、电气线路及给排水管道，这些构件全部在工厂制作，现场拼装就位后立即完成，体现出现代高技术的造型美。大楼运用了不少电脑控制的装置，如十一层的办公空间，顶棚反光孔的外部反光装置就是由电脑控制的，可以把阳光反射到处于顶棚上的反射器，从而把自然光引入室内（图2-3-4～图2-3-6）。

随着生态观念的日益深入人心，当前的高技术运用又表现出与生态设计理念相结合的趋势，出现了诸如双层立面、太阳能技术、地热利用、智能化通风控制……等一系列新技术，设计师试图利用新技术来解决生态问题，追求人与自然的和谐。

总之，高技术的运用不但可以达到节约能源、节约资源的目标，而且还可以在空间形象、环境气氛等方面有新的创造，给人以全新的感觉。

(a)

(b)

图 2-3-1　蓬皮杜中心外观

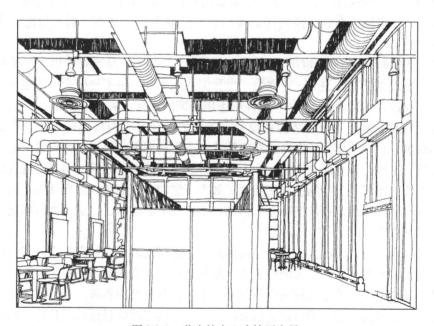

图 2-3-2　蓬皮杜中心冷饮厅内景

图 2-3-3　蓬皮杜中心内景

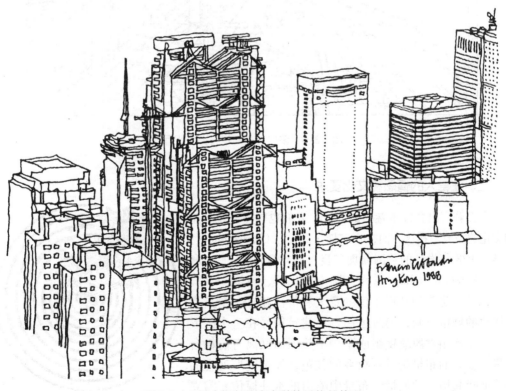

图 2-3-4　汇丰银行具有高科技风格的外观

图 2-3-5　汇丰银行底层完全通透的室内广场，
透过玻璃顶棚可见上部的共享大空间

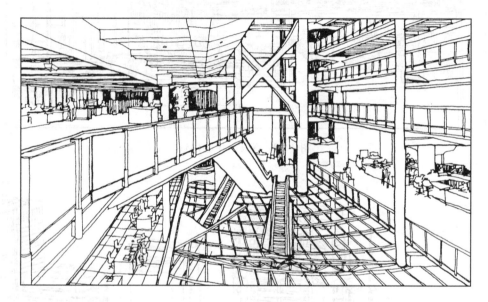

图 2-3-6　多层复合的银行办公大厅

二、注重人的情感和文化要求

在强调突出高技术魅力的时代，人们也同样重视情感和文化的需要。在这方面，查尔斯·摩尔（Charles Moore）1974～1978 年设计的美国新奥尔良（New Orleans）意大利广场（Piazza d'Italia）堪称典范（图 2-3-7、图 2-3-8）。

设计立足于为新奥尔良的意大利侨民建立一个具有归属感的城市空间，通过运用古典建筑符号在一个圆形广场的一侧用六段墙壁组成了一个热烈而又离奇的舞台布景：多彩的布景暗示着故乡的颜色，经过变形处理的柱式能唤起历史的回忆，布景中喷出的水柱模仿着陶立克柱式，不锈钢包裹柱身，霓虹管衬托着柱头。堪称幽

图 2-3-7　意大利广场平面图

默的是，设计师还将自己的头像嵌进拱门上方的两侧，口中喷出的水柱加强了拱门的仪式性，而在其后略微高出的黄色拱门则通向后面的餐馆。

（a）

（b）

图 2-3-8 意大利广场效果

（a）意大利广场透视图；（b）意大利广场鸟瞰图

圆形广场的铺地以黑白花岗石相间构成，并以同心圆的方式层层向内收缩，产生一种向心的动态效果。从圆心到舞台布景的区域内，摩尔设计了一个意大利地图造型的装饰作为点睛之笔，它分成若干台阶，以卵石、板岩、大理石和镜面瓷砖砌成，置于象征地中海的水池之中。在整个造型的最高处有瀑布流出，被分成三股，象征意大利的三大河流。所有这些元素都似乎不断地向参观者讲述着意大利。广场的界面以重叠的手法构成，造成边界含糊之感，从而使广场的性格显得生动而又诙谐。[9]

事实上，意大利广场规模很小，加上地面的水池及各种造型，人在广场内可活动的区域很少，但它却是一个可以唤起回忆的地方，是一个可以满足意大利侨民情感和文化需要的场所。

第四节　注重美学效果与思想性的原则

注重美学效果和思想性是空间设计、环境设计的共同之处，设计师的一项重要任务就是要创造美、创造美的环境。当然，"美"的含义很多很复杂，但是形式美、艺术性等无疑是其中既重要而又直观的内容。

一、形式美构图原则

空间是使用功能和精神功能的综合体，除了满足使用功能的要求之外，还应把审美价值作为追求的目标。尽管由于地域、文化及民族习惯不同，古今中外的设计作品在形式处理方面有极大的差别，但凡属优秀的室内外环境设计作品，一般都遵循一个共同的形式美准则——多样而又统一。

多样统一可以理解为在统一中求变化，在变化中求统一。任何一个设计作品，一般都具有若干个不同的组成部分，它们之间既有区别又有内在的联系，只有把这些部分按照一定的规律，有机地组合成为一个整体，才能达到理想的效果。这时，就各部分的差别可以看出多样性的变化；就各部分之间的联系则可以看出和谐与秩序。既有变化又有秩序就是设计作品的必备原则。如果在室内外环境中缺乏秩序，则势必会显得杂乱无章，反之，如果缺乏多样性与变化，则必然流于单调。因此，一项设计作品如希望唤起人们的美感就应该达到变化与统一的平衡。

多样统一是形式美的准则，具体说来，又可以分解成以下几个方面，即均衡与稳定，韵律与节奏，对比与微差，重点与一般。

（一）空间的均衡与稳定

地球上的一切物体都摆脱不了地球引力——重力的影响，于是人们在长期的实践中，逐渐形成了一套与重力有联系的审美观念，即均衡与稳定。

物体要保持稳定的状态，就必须遵循一定的原则。在传统概念中，上轻下重、上小下大就是稳定效果的常见形式。图 2-4-1 是金字塔形的旅游旅馆，它不仅在现实中是最为安全的，而且在视觉上也是舒适的。

图 2-4-1　金字塔形的旅游旅馆

均衡一般是指空间中各要素左与右、前与后之间的关系。均衡常常可以通过完全对称、基本对称以及动态均衡的方法来取得。

对称是极易达到均衡的一种方式，由于其形成了以轴线为主的布局方式，所以同时还能取得端庄严肃的空间效果。图2-4-2 的日本岛根县民会馆和美国华盛顿某建筑、图2-4-3 的北京北海五龙亭，它们就采取了对称的布局方式。

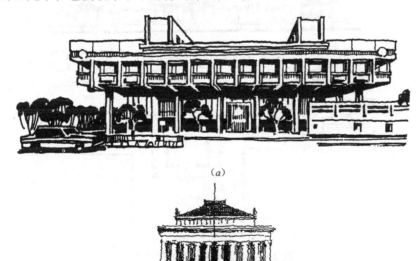

(a)

(b)

图 2-4-2　对称的布局方式

（a）日本岛根县民会馆；（b）美国华盛顿苏格兰礼拜堂

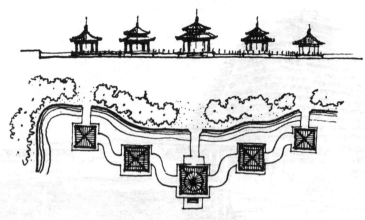

图2-4-3　北京北海五龙亭

　　然而对称的方法亦有其自身的不足，其主要原因是在功能日趋复杂的情况下，空间布局很难达到沿中轴线完全对应的关系，因此，其适用范围就受到很大的限制。为了解决这一问题，不少设计师采用了基本对称的方法，即虽然人们感到轴线的存在，但轴线两侧的处理手法并不完全相同，这种方法往往比较灵活。杭州西湖畔平湖秋月就属此类设计手法（图2-4-4）。

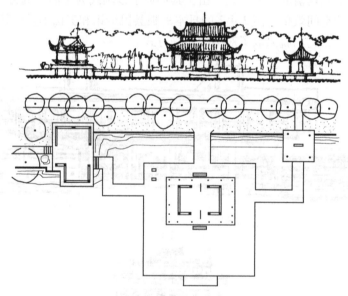

图2-4-4　杭州西湖畔平湖秋月

　　除了上述两种方法之外，在现代空间设计中大量出现的还是动态均衡的手法，由于人们对空间的观赏不是固定在某一点上，而是在连续运动的过程中来观察空间、形体和轮廓线的变化，因此可以在设计中通过空间的左右、前后等方面的综合构成以达到平衡，这种均衡往往能取得活泼自由的效果。图2-4-5是澳大利亚悉尼歌剧院外观，三组不同方向的薄壳屋顶形成了具有强烈动感的均衡。图2-4-6是纽约肯尼迪机场TWA候机楼，其外形似展翅欲飞的大鸟，建筑物虽然上大下小，但总体而言并无不稳定感，其原因就是由于达到了动态均衡的结果。

图 2-4-5　澳大利亚悉尼歌剧院

图 2-4-6　美国纽约肯尼迪机场 TWA 候机楼

（二）空间的韵律与节奏

自然界中的许多事物或现象，往往呈现有秩序的重复或变化，这也常常可以激发起人们的美感，造成一种韵律，形成节奏感。在室内外环境中，韵律的表现形式很多，比较常见的有连续韵律、渐变韵律、起伏韵律与交错韵律，它们能产生不同的节奏感。

连续韵律一般是以一种或几种要素连续重复排列，各要素之间保持恒定的关系与距离，可以无休止地连绵延长，形成规整整齐的强烈印象，利雅得外交部大厦就是通过连续韵律的灯具排列而形成一种奇特的气氛（图 2-4-7）。

如果把连续重复的要素按照一定的秩序或规律逐渐变化，如逐渐加长或缩短、变宽或变窄、增大或减小，就能产生出一种渐变的韵律，渐变韵律往往能给人一种循序渐进的感觉或进而产生一定的空间导向性。图 2-4-8 所示为排列在一起的点状灯具所营造出的室内空间渐变韵律，具有强烈的趣味感。

当我们把连续重复的要素相互交织、穿插，就可能产生忽隐忽现的交错韵律。图 2-6-1 和图 2-6-2 为法国奥尔塞艺术博物馆，其大厅拱顶由雕饰件和镜板构成了交错韵律，增添了室内的古典气息。

如果韵律节拍按一定的规律时而加人，时而减小，有如波浪起伏或者具有不规则的节奏感时，就形成起伏韵律，这种韵律常常比较活泼而富有运动感。图 2-4-9 为都灵展览馆屋顶由拱形及波形二向交织成图案而形成较强的起伏韵律，图 2-4-10 为 TWA 候机楼利用混凝土塑性而形成的起伏韵律。

图 2-4-7　具有连续韵律的灯具布置

图 2-4-8　具有渐变韵律的点状灯具布置

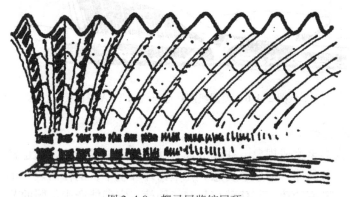

图 2-4-9　都灵展览馆屋顶

图 2-4-10　具有起伏韵律的 TWA 候机楼

韵律在设计中的运用极为广泛，由于韵律本身所具有的秩序感和节奏感，就可以使室内外环境产生既有变化又有秩序的效果，达到多样统一的境界，从而体现出形式美的原则。

（三）空间的对比与微差

对比指的是要素之间的差异比较显著，微差则指的是要素之间的差异比较微小。当然，这两者之间的界限也很难确定，不能用简单的公式加以说明。就如数轴上的一列数，当它们从小到大排列时，相邻者之间由于变化甚微，表现出一种微差的关系，这列数具有连续性。如果从中间抽去几个数字，就会使连续性中断，凡是连续性中断的地方，就会产生引人注目的突变，这种突变就会表现为一种对比关系，中断地方的数字抽去愈多，突变越大，对比强烈。

在空间设计中，对比与微差是十分常用的手法，两者缺一不可。对比可以借彼此之间的差异来突出各自的特点以求得变化；微差则可以借相互之间的共同性而求得和谐。没有对比，会使人感到单调，但过分强调对比，也可能因失去协调而造成混乱，只有把两者巧妙地结合起来，才能达到既有变化又有和谐的结果。

对比与微差体现在各种场合，只要是同一性质间的差异，就会有对比与微差的问题，如大与小、直与曲、虚与实以及不同形状、不同色调、不同质地……。设计中巧妙地利用对比与微差具有重要的意义。图2-4-11为罗马尼亚派拉旅馆，竖向的高层客房部分和横向的公共活动部分构成形体上强烈的方向对比，给人以很好的视觉效果。图2-4-12是苏州留园局部平面图，入口部分空间曲折狭长，比较局促压抑，当人们进入主体空间之后，感到豁然开朗，精神为之一振。这种先抑后扬的空间感受就是通过空间大小的对比，特别是小空间衬托大空间来实现的。

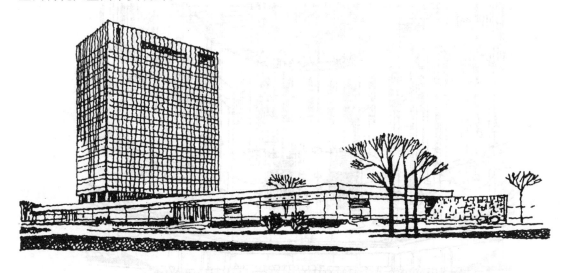

图2-4-11　罗马尼亚派拉旅馆

在设计中，还有一种情况也能归于对比与微差的范畴，即利用同一几何母题，虽然各元素具有不同的大小、色彩或肌理，但由于具有相同母题，一般情况下仍能达到有机的统一。例如加拿大多伦多汤姆逊音乐厅设计中就运用了大量的圆形母题，因此虽然在演奏厅上部设置了调节音质的各色吊挂，且它们之间的大小也不相同，但相同的母题却使整个室内空间保持了统一（图2-4-13）。

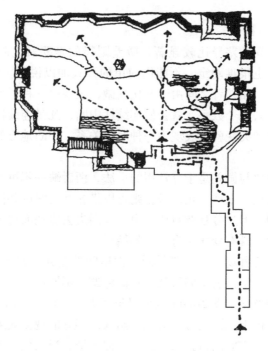

图2-4-12　苏州留园平面示意图

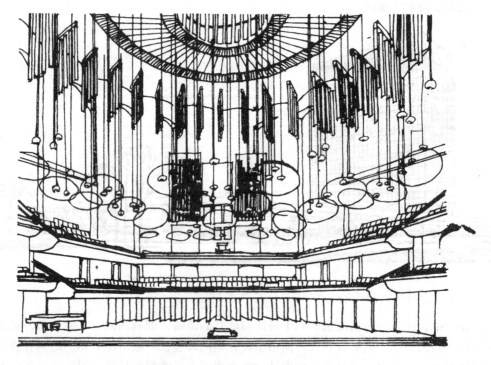

图2-4-13　加拿大多伦多汤姆逊音乐厅

（四）空间的重点与一般

在一个有机体中，各组成部分的地位与重要性往往并不相同，它们应当有主与从的区别，否则就会主次不分，从而削弱整体的完整性。各种艺术创作中的主题与副题、主角与配角、主体与背景的关系也正是重点与一般的关系。在空间设计中，重点与一般的关系大量存在，一般情况下经常运用轴线、体量、对称等手法而达到主次分明的效果。图 2-4-14 中的美国旧金山海雅特酒店在中庭内布置了一个体量巨大的金属雕塑，使之成为该中庭空间的重点所在。

此外，还有一种突出重点的手法，即运用"趣味中心"的方法。趣味中心有时也称视觉焦点。它一般都是作为空间中的重点出现，有时其体量并不一定很大，但位置往往十分重要，可以起到点明主题、统帅全局的作用。能够成为"趣味中心"的物体一般都具有新奇独特、形象突出、具有动感和恰当含义的特征。

按照心理学的研究，人会对反复出现的外来刺激停止作出反应，这种现象在日常生活中十分普遍。例如：我们对日常的时钟走动声会置之不

图 2-4-14　通过不同体量的对比突出重点

理，对家电设备的响声也会置之不顾。人的这些特征有助于人体健康，使我们免得事事操心，但从另一方面看，却向设计师提出新的任务。所以在设计"趣味中心"时，必须强调其新奇性与刺激性，在具体设计中，常采用在形、色、质、尺度等方面与众不同、不落俗套的物体，以创造良好的景观。图 2-4-15 为商店内特地将大于常用规格的伞展开作为"趣味中心"，图 2-4-16 则是将一巨型香肠作为肉食部的重点装饰，在灯光的照射下突出了其鲜艳欲滴的效果，给人以刺激，吸引人们的视线。

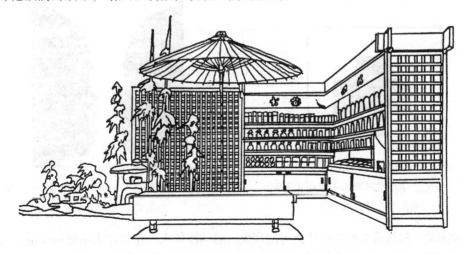

图 2-4-15　以大于常用规格的伞作为"趣味中心"

图 2-4-16 巨型香肠给人以食欲刺激

　　形象与背景的关系一直是格式塔心理学研究的一个重要问题。人在观察事物时，总是把形象理解为"一件东西"或者"在背景之上"，而背景似乎总是在形象之后，起着衬托作用。尽管在理论上，形象与背景完全可以互相转化——在某场合是形象的事物，到了另一场合下却可以转化成背景。然而心理学的研究认为：一般情况下，人们总是倾向于把小面积的事物、把凸出来的东西作为形象，而把大面积的东西和平坦的东西作为背景。尽管在现代绘画中经常使用形象与背景交替的处理手法，但在处理趣味中心时，却应该有意造成形象与背景的明显区别，以便使人作出正确的判断，起到突出重点的作用。图 2-4-17 中的十字形常被视为形象而正方形则几乎总被视为背景，而图 2-4-18 中的彼得——保尔高脚杯则显示了形象与背景互动的现象。

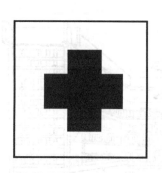

图 2-4-17　十字形常被视为形象而正方形
　　　　　　则几乎总被视为背景

图 2-4-18　彼得——保尔高脚杯显示形象
　　　　　　与背景互动的现象

　　运动亦是一种极易影响视觉注意力的现象，运动能使人眼作出较为敏捷的反应。人眼的这种特性，早被艺术家所发现和利用，他们认为：一幅画最优美的地方就在于它能够表现运动，画家们常常将这种运动称为绘画的灵魂。雕塑大师罗丹（A. Rodin）亦承认：他常常赋予他的塑像某种倾斜性，使之具有表现性的方向，从而暗示出运动感。艺术家们巧妙地把握住了人眼的特点，创造出很多具有动感的艺术品，取得了很好的效果。随着时代的进步，艺术家们创造出真正能够活动的动态雕塑，从而彻底打破了艺术是"冻结了的时间薄片"的观念，使观众们对此发生了极大的兴趣，并常常成为空间环境中的趣味中心。美国国家美术馆东馆内的抽象活动雕塑就是典例（图2-4-19）。

图2-4-19　美国国家美术馆东馆内的抽象活动雕塑

人在欣赏作品时，总是会按照"看——赋予含义"的过程来处理。如果趣味中心的含义过分明显，不需经过太多的思维活动就能得出结论，那就可能会使人产生索然无趣的感觉。同样，如果趣味中心的含义过分隐晦曲折，人们亦可能会对其采取敬而远之的态度。真正优秀的作品往往能提供足够的刺激，吸引人们的注意力并作出一定的结论，但同时又不能一目了然、洞察全貌。凡是能吸引人们经常不断注目，并且每次都能联想出一些新东西，每次都由观赏者从自己以往的经验中联想出新的含义，这样的作品也就会自然而然地长时间成为空间的重点所在。

形式美是非常经典的原则，重点与一般、韵律与节奏、均衡与稳定、对比与微差是其中的重要基本范畴。它们能够为设计提供有益的规矩，从而创作出美好的空间。

二、艺术性

形式美和艺术美是两个不同的概念。在创作中，凡是具有艺术美的作品都必须符合形式美的法则，而符合形式美规律的设计却不一定具有艺术美。形式美与艺术美之间的差别就在于前者对现实的审美关系只限于外部形式本身是否符合统一与变化、对比与微差、均衡与稳定……等与形式有关的法则，而后者则要求通过自身的艺术形象表现一定的思想内容，它是形式美的升华。

当然，形式美和艺术美并不对立，而是互相联系，在实际生活中二者间往往很难划出明确的界线。如勒·柯布西耶（Le Corbusier）设计的朗香教堂（图2-4-20a，b，c），通过空间形式、外部造型、窗洞的有机排列、内部光环境的控制等使空间产生一种神秘的宗教气氛，既达到了形式美的原则，又具有很强的艺术效果，令人回味无穷。

空间设计是否达到审美要求，没有绝对量化的衡量标准，但从一般的美学评价标准而言，优秀的空间设计首先应满足使用要求，其次应符合形式美的原则，形成空间的美感，与此同时应该尽量创造一定的环境意境，达到艺术美的境界。

总之，形式美原则是空间设计中的重要原则，能够为设计师们提供比较全面的文法，借助于这些语法，就可以使设计师的作品少犯错误或不犯错误，从而塑造出良好的空间视觉环境。然而，一项真正优秀的设计作品还离不开设计者的构思与创意。如果创作之前根本没有明确的设计意图，那么即便有了优美的形式，也难以感染大众。只有设计师具备了高尚的立意，同时具有熟练的技巧，加之灵活运用这些原则，才能达到"寓情于物"的水准，才能通过艺术形象而唤起人们的思想共鸣，进入情景交融的艺术境界，创造出真正具有艺术感染力的作品。

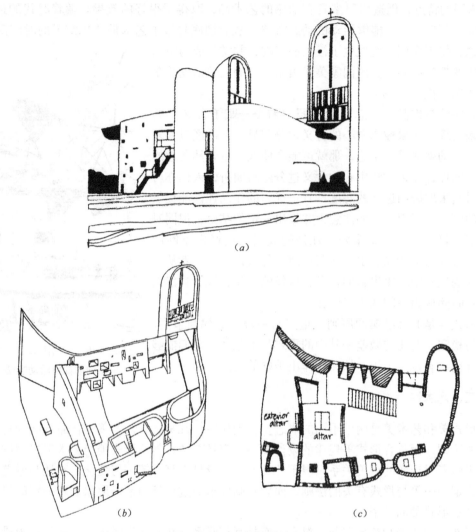

图 2-4-20　法国朗香教堂
（*a*）外观图；（*b*）轴测图；（*c*）平面图

三、当代设计新思潮

上面分析的是比较经典的形式美和艺术美的观点，这些观点大多基于理性主义的基础，是至今仍然居主导地位的美学思潮，本书各章节也是基于这些观点来叙述的。然而，应当看到的是，大约在 20 世纪 60 年代之后，设计界出现了一种非理性主义的思潮，有的学者把它通称为后现代思潮（Post Modernism）。

后现代是相对于现代主义（Modernism）而提出的一种泛社会学的描述性词汇。它描述了社会的时代性变化，包括观念、态度、知识、行为、思维等各个方面。

后现代思潮不是指某一种学说或流派，它是一个时代、一种文化处境与现象。它并非是主流趋势，而是一种泛文化的趋势、感受。如果说：古典与浪漫主义基于农业文明、现代主义基于工业文明，那么后现代主义则基于信息社会，即所谓后工业社会。

后现代主义影响十分广泛，它几乎是一个时代性变化，是一个全局性的文化与物质变异，是资讯社会的文化形态。受其影响的设计师兼顾多种风格，不少风格交叉、混合、折衷在一起，很难分辨是新古典、新现代、历史主义、乡土派、高技派、生态主义、绿色主义、波普、解构主义……，所以可以说，后现代是个暧昧的时代，它是现代文化的延伸，是对现代主义的批判，或许是批判的继承，或许是全盘否定，但可以肯定的是，后现代不是一种主义，它是一种文化倾向。

这里以近年谈论较多的解构主义来举例说明。解构主义是很典型的一种后现代思潮，其代表人物有里伯斯金（Daniel Libeskind）、屈米（B. Tschu-mi）、哈迪德（Zaha Hadid）、盖里（F. Gehry）等。在解构主义的作品中，通过斜线穿插对平行线、垂直线、中轴线等进行拆解、破坏，或者通过一种旋转、重叠、移位等方式进行一种新空间的创造，或对边缘拓展，模糊清晰的界限……。在这些作品中可以感受到现代主义理性、逻辑、集中的方盒子被粉碎了，变成了一堆洒满场地的"碎片"，逻辑被零散的感受取代，理性主义演化为非理性主义（图 2-4-21 和图 2-4-22）。

(a)

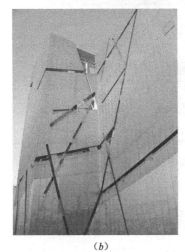

(b)

(c)

图 2-4-21　里伯斯金设计的柏林犹太人博物馆

（a）犹太人博物馆外观；（b）犹太人博物馆局部外观；（c）犹太人博物馆内景

图 2-4-22　屈米设计的法国巴黎拉维拉特公园
(a) 公园局部俯视；(b) 公园景观一；
(c) 公园景观二；(d) 公园景观三

现代主义的经典作品虽然简化、实用了古典建筑，但在形式美的原则上并未颠覆经典理论，仍然推崇理性主义基础。然而在解构主义作品中，却出现了对古典垂直线和平行线进行破坏的作品，即用一种非理性的感觉对理性进行怀疑和批判，从而阐述一种"后现代"的美学观。后现代是一个蔓生的时代，它没有明显的起点，也没有明显的终点，后现代正是我们面对的、生存的时代中的一种存在。

第五节　注重环境整体性的原则

注重环境整体性是空间设计中经常强调的原则。设计必须从环境的整体观出发，协调各层次、各部分、各元素间的关系，使空间环境成为一个完整的整体，体现出整体的魅力和气势。

一、注重环境整体性

从第一章的叙述可以知道，环境可分成三个层次，即宏观环境、中观环境和微观环境，它们各自又有着不同的内涵和特点。

宏观环境的范围和规模非常之大，其内容常包括太空、大气、山川森林、平原草地、城镇及乡村等，涉及的设计行业常有：国土规划、区域规划、城市及乡镇规划、风景区规划等。

中观环境常指社区、街坊、建筑物群体及单体、公园、室外环境等，涉及的设计行业主要是：城市设计、建筑设计、室外环境设计、园林设计等。

微观环境一般常指各类建筑物的内部环境，涉及的设计行业常包括：室内设计、工业产品造型设计等。

室内外环境设计的范围很广，有可能同时涉及宏观环境、中观环境和微观环境等各个层次，因此需要从环境整体性的角度出发，综合考虑各方面的因素。即使仅仅涉及其中的一个子系统，也应该认识到它和其他子系统间存在着互相制约、互相影响、相辅相成的关系。任何一个子系统出了问题，都会影响到环境的质量，因此就必然要求各子系统之间能够互相协调、互相补充、互相促进，达到有机匹配。据说著名建筑师贝聿铭先生在踏勘北京香山饭店的基地时，就邀请室内设计师凯勒（D. Keller）先生一起对基地周围的地势、景色、邻近的原有建筑等进行仔细考察，商议设计中的香山饭店与周围自然环境、室内设计间的联系，这一实例充分反映出设计师强烈的环境整体观（图2-7-1，图2-7-2）。

二、尊重城市历史文脉

注重环境整体性的原则表现在城市中时就往往体现为尊重城市历史文脉。在现代主义建筑运动盛行的时期，设计界曾经出现过一种否定历史的思潮，这种思潮不承认过去的事物与现在会有某种联系，认为当代人可以脱离历史而随自己的意愿任意行事。随着时代的推移，如今人们已经认识到这种脱离历史、脱离现实生活的世界观是不成熟的，是有欠缺的。人们认识到历史是不可割断的，我们只有研究事物的过去，了解它的发展过程，领会它的变化规律才能更全面地了解它今天的状况，也才能有助于我们预见到事物的未来，否则就可能陷于凭空构想的境地。因此，在 20 世纪 50 至 60 年代，特别是在 60 年代之后，设计界开始倡导在设计中尊重城市历史文脉，使人类社会的发展具有历史延续性。

尊重城市历史文脉的设计思想要求设计师尽量从当地特有的文化特色、环境特色中吸取灵感，尽量通过现代技术手段而使之重新活跃起来，力争把时代精神与历史文脉有机地融于一炉。这种设计思想在建筑设计、室内设计、景观设计等领域都得到了强烈的反映，在室内设计领域往往表现得更为详尽，特别是在生活居住、旅游休息和文化娱乐建筑等内部环境中，带有城市特色、乡土风味、地方风格、民族特点的内部环境往往更容易受到人们的欢迎。图 2-5-1 所示为沙特阿拉伯首都利雅得一所大学内的厅廊，设计师在厅廊的设计中十分尊重伊斯兰的历史传统，运用了富有当地特色的建筑符号，使通廊的地方特色得到充分的展现。在落日余辉的照耀下，浅棕色的柱廊使得这一长长的空间更显得幽深恬静，富有阿拉伯文化特色。

图 2-5-1　富有伊斯兰文化特点的长廊

第六节　旧建筑再利用的原则

广义上可以认为凡是使用过一段时间的建筑都可以称作旧建筑，其中既包括具有重大历史文化价值的古建筑、优秀的近现代建筑，也包括广泛存在的一般性建筑，如厂房、住宅等。对于大量的、一般性的旧建筑再利用，其空间设计应遵循普遍性的空间设计原则，这里主要针对历史建筑和产业建筑两类比较有特色的旧建筑再利用问题进行讨论。

一、历史建筑的再利用

众所周知，建筑是文明的结晶、文化的载体，建筑常常通过各种各样的途径负载了这样那样的信息，人们可以从建筑中读到城市发展的历史。如果一个城市缺乏对不同时期旧建筑的保护，那么这个城市将成为缺乏历史感的场所，城市的魅力将大为逊色。

1964年由联合国教科文组织（UNESCO）颁布的《威尼斯宪章》，提出了文物古迹保护的基本原则，即："不仅包括单个建筑物，而且包括能够从中找出一种独特的文明、一种有意义的发展或一个历史事件见证的城市或乡村环境。"，"包含着对一定规模环境的保护——不能与其所见证的历史和其产生的环境分离"。

历史建筑，包括历史街、历史地段等的保护与改造是一项极其庞杂的综合性课题，涉及规划、设计、管理等诸多内容。就整体而言，应该关注作为整体存在的形体环境和行为环境。再利用不仅意味着保存和改造现存的城市空间、居住邻里以及历史建筑，而且要注意保存有助于社区健康发展的文化习俗和行为活动。对于文物建筑遗迹，历史真实性是保护的最高原则，切不可仅仅沿用常规的设计知识，如统一、完整、和谐等要求，更不能用"焕然一新"及"以假乱真"的方式来对待被保护的对象。

在对具有历史文化价值的旧建筑进行室内外环境改造设计时，特别要注意体现"整旧如旧"的观念。"整旧如旧"是各种与建筑遗产保护相关的国际宪章普遍认可的原则，学者们普遍认为，尽管"整旧如旧"具有美学上的意义，但其本质目的不是使建筑遗产达到功能或美学上的完善，而是保护建筑遗产从诞生起的整个存在过程直到采取保护措施时为止所获得的全部信息，保护史料的原真性与可读性。"修缮不等于保护。它可能是一种保护措施，也可能是一种破坏。只有严格保存文物建筑在存在过程中获得的一切有意义的特点，修缮才可能是保护。……这些特点甚至可能包括地震造成的裂缝和滑坡造成的倾斜等等'消极的'痕迹。因为有些特点的意义现在尚未被认识，而将来可能被逐渐认识，所以《威尼斯宪章》一般规定，保护文物建筑就是保护它的全部现状。修缮工作必须保持文物建筑的历史纯洁性，不可失真，为修缮和加固所加上去的东西都要能识别出来，不可乱真。并且严格设法展现建筑物的历史，换一句话说，就是文物建筑的历史必须是清晰可读的。"[10]

遵循上述改造原则的实例很多，法国巴黎的奥尔塞艺术博物馆就是一例。奥尔塞博物馆是利用废弃多年的奥尔塞火车站改建而成，在改建过程中设计师尽量保存了建筑物的原貌，最大限度地使历史文脉延续下来，尽可能使古典的东西在新的环境中展现新的魅力。而新增部分的形式则尽量简化朴素，以避免产生矫揉造作的感觉。图（2-6-1）所示为展览大厅的一角，设计师保留了古典顶棚的饰块，并通过与现代金属框架的对比而衬托出传统的价值，图（2-6-2）所示则为利用原有站台改建而成的展厅，原有建筑上的一些设施与构件都得到很好的利用，如原有的古典大钟已经十分自然地成为展厅的视觉趣味中心。

图 2-6-1 奥尔塞艺术博物馆展览大厅一角　　　　图 2-6-2 改建成的展厅，原有古典大钟得到再利用

二、产业建筑的再利用

　　产业建筑是另一类目前在我国越来越受到重视的旧建筑。我国很多城市都有工业厂房比较集中的地区。这些厂房往往受当时流行的工业建筑形式的影响比较大，采用了当时的新材料、新结构、新技术。但是，随着第三产业的发展和城市产业结构的转变，不少结构良好的厂房闲置下来，有的甚至引起城市的区域性衰落。在这种情况下，进行废旧厂房的更新再利用很有可能成为区域重新焕发活力的契机。目前我国各大城市已经有不少成功的实例。如上海位于苏州河西藏路口的原四行仓库、东大名路的原德孚洋行仓库等都是再利用的实例。它们被再利用为艺术家工作室、会议室、阶梯教室、展示室及多功能厅等。厂房的特殊结构、特殊设备以及材料质感为人们提供了不同的感受，使人从中体会到工业文明的特色，相对高大的空间也给人以新奇感。改造之后建筑重新焕发生机，区域也随之繁荣起来，同时为社会提供了更多的就业机会，体现出旧建筑改造的社会价值。

　　同其他类型的旧建筑一样，在产业建筑再利用中也应该注意"整旧如旧"或"整旧如新"的选择问题。目前不少设计者偏向于采用"整旧如旧"的表现方法，希望保持历史资料的原真性和可读性。例如，北京东北部的大山子 798 工厂一带集中了很多企业，随着时代的变迁，其中不少企业已经风光不再，于是一批艺术家租下了这些厂房，将其改造成自己的工作室、展室……，经过一段时间的发展，如今这一地区已经成为北京的"苏荷区"。图 2-6-3 至图 2-6-5 表现的是 798 工厂改造后的室内空间。

图 2-6-3　原来的工业建筑
被改造成艺术家的展室和工作室

图 2-6-4　原来的车间被改造成展览空间，车间高大的
空间给人以新鲜感；一些过去年代的标语也被保留下来，
使人能回忆起那段时代的风风雨雨

图 2-6-5　一些原来车间内的设备被保留下来，
使参观者体会到工业文明的特色

第七节　创新与继承的原则

从某种意义上说，空间设计是一种文化。既然是文化，就有一个文化传统的继承和创新问题。然而，室内外环境设计的继承与创新有其自身的特点，这是因为空间环境除具备

明显的精神功能和社会属性以外，还必须满足使用功能，受到经济水平和技术条件的制约，其继承与创新具有一定的特殊性。

我国历史悠久，在建筑设计、室内设计、景观设计等领域不乏体现中国传统理念的上佳之作，因此，我们一方面要继承传统的精髓，但同时更要着眼于创新，只有这样，才能走出一条具有中国现代风格的室内外环境设计之路，因此，继承与创新就成为当代空间设计的原则之一。

一、继承与创新的关系

（一）继承是创新之源

鸦片战争之后，西方文化开始大规模地进入中国，从此以后，继承传统就成为文化领域的一个重要课题，几乎成为近代以来的一个永久性主题。事实上，就建筑、室内空间和景观而言，每一种文化都有着各自的认识和理解，这种认识逐渐演化为规范、法式……，进而形成风格样式，成为一种传统。这种传统本质上是一种精神的物化形式，它不仅仅是一种形式，而且反映了当时民族文化的特点。因而我们对传统建筑、内部空间和景观形式的研究不应仅仅着意于其形式的表意本身，而应进入对象的深层结构。这种深层结构往往是看不见的因素，它隐藏在社会文化精神、生活方式、以及人们的思想观念之中。

这种看不见的因素是一种活的生命，它使一个民族的建筑、室内和景观具有区别于其他民族的特征，具有自身的风格。它是今天进一步发展的基础，是今天创作的本原和出发点，因此可以说，继承是创新之本、创新之源。

（二）创新是继承之求

继承是创新之本，创新则是继承的根本目标，是继承之魂，是继承之所求。只有在发展中继承，才能在继承中发展，这样的传统才会有鲜活的生命，这样的继承才是真正有价值的继承。

对于传统的继承不能简单地采用"拿来主义"，它需要设计师立足现在，放眼未来，用一定的"距离"去观察，用科学的方法去分析，提炼出至今仍有生命力的因素。中国当代室内外环境设计一方面要以本民族的悠久文化为土壤，另一方面要在对古今中外所有文化的兼收并蓄中求得创造性的发展。当代设计师应当立足于人、自然和社会的需要，立足于现代科学技术和文化观念的变化，探讨民族性与时代性的结合，探索出新的道路。否则，必然会受制于传统的强大束缚力而被迅猛发展的世界所淘汰。任何墨守陈规的传统观念都不符合事物发展变化的规律，也必定与新的时代格格不入。所以，创新是时代的要求，是设计的生命力，是整个行业得以持续发展的根本所在。

二、继承与创新的实践原则

如何在设计实践中把握好继承与创新的分寸，一般可以从以下三方面入手。

第一、当今室内外环境设计应该体现时代精神，把现代化作为发展的方向，这是时代所决定的。我们身处多元时代、信息时代和生态时代，时代要求我们着重反映改革开放、现代化建设和两个文明建设的成果，要求我们着重综合体现社会效益、经济效益和生态效益的最优化。

第二、当今室内外环境设计应该勇于学习和善于学习国外的先进概念和先进技术。在学习国外新概念和新技术的过程中，既要具有魄力，勇于"拿来"为我所用，又要防止一切照搬，做到有分析、有鉴别、有选择地使用它。在设计创作上应当解放思想、鼓励创新，但又不能不顾国情、不讲效率、不问功能、违反美学规律、片面追求怪诞的外观形象。

第三、当今室内外环境设计应该正确对待文化传统和地域特色。在设计中不应该割断历史，不应该抛弃民族的传统文化，应该经过深入分析，有选择地继承和借鉴传统文化、民族特色和地方特色，并恰当地予以表达。

贝聿铭先生设计的香山饭店，就是一个很好地体现了继承与创新关系的作品（图2-7-1、图2-7-2）。设计师从我国传统园林和民居中吸取了不少养分，整个建筑空间中粉墙翠竹、叠石理水与传统影壁组织在一起，创造出具有我国风格的中庭空间。在材料选择及细部处理上采用白色粉墙和灰砖勾线线脚，做法十分讲究。在山石选择、壁灯、楼梯栏杆等的处理中也很注意民族风格的体现。总之，整个工程把时代感与中国历史文脉完美地结合起来，是一成功的佳作。

图 2-7-1　香山饭店四季厅

图 2-7-2　香山饭店外观

随着信息时代的到来，国际交流日益频繁。因此，对于室内外环境设计的继承和创新应该有个正确的认识，克服极端化。我们既要尊重传统，又要正视现实；既要树立民族自信心，又要跟上时代的脉搏，从而创造出具有鲜明的民族风格与时代特色的设计作品，走出一条具有中国特色的设计之路。室内外环境设计的未来，必将在继承、发展与创造中绽放出绚丽的风采。

注释

[1] 费彦．现象学与场所精神．武汉城市建设学院学报．1999 年第 16 卷第 4 期．

[2] ～[7] 武慧兰．崇明东滩生态化居住环境研究．上海：同济大学硕士学位论文，2005．

[8] 杨善勤，郎四维，涂逢祥编著．建筑节能．北京：中国建筑工业出版社，1999．

[9] 蔡永洁著．城市广场——历史脉络、发展动力、空间品质．南京：东南大学出版社，2006．

[10] 陈志华．谈文物建筑的保护．世界建筑．1986 年 No.3．

第三章 空 间 感 受

对一个空间环境的好坏的判别，取决于使用者和来访者对这一空间环境的亲身感受，因此，空间感受是空间设计中的重要内容，设计者需要了解人是怎样感觉空间的。本章主要根据心理学和人类工效学的研究，在整理分析国内外学者研究成果的基础上，对有关空间感受的内容作一简要介绍。

第一节 物理环境的感受

空间感受首先涉及物理环境的感受，而物理环境包括视觉环境、热环境、声环境、嗅觉环境和触觉环境等。随着生活水平的提高，人们越来越重视物理环境质量，尤其是室内物理环境的舒适性。

一、视觉环境

视觉环境是空间设计领域中十分重要的内容，是一门很丰富的学问，它涉及环境和视觉信息、知觉过程、照明研究和颜色研究等多方面的内容，限于篇幅，这里仅介绍有关视域的信息。

在视域研究中，人眼在水平方向的视野，当为单眼时称为"单眼视区"，双眼时称为"双眼视区"（或"综合视图"），如图3-1-1所示。该图中，在30°~60°之间，颜色易于识别；在5°~30°之间，字母易于识别；在10°~20°之间，则字体易于识别。

人眼在垂直方向亦有视野（图3-1-2）。从图中可以看出，当人站立和坐着时的自然视线均低于0°的标准视线。观看物体的最佳视区处在低于水平线30°的区域内。

同时，不同的色彩形成的色觉视野也不相同（图3-1-3）。从图中可以看出，白色给人的视域最大，其次是黄、蓝、绿色。

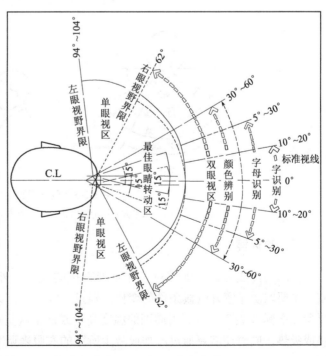

图3-1-1　水平面内视野

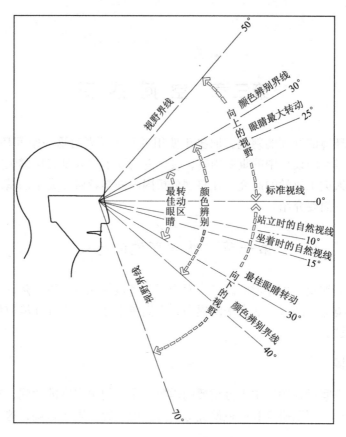

图 3-1-2　垂直面内的视野

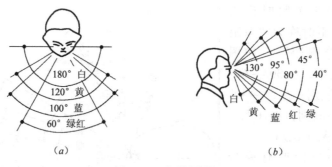

（a）　　　　　　　　　　　　（b）

图 3-1-3　色觉视野

（a）水平方向色觉视野；（b）垂直方向色觉视野

二、热环境

空间的冷热感、湿度感对人体有着直接的关系。外部空间的冷热感、湿度感很难控制，主要取决于室外气候条件的变化。经过研究，研究人员提出了室内热环境舒适值的主要参照指标（表3-1-1）。当周围的温度高于或低于这些舒适值时，人体的皮肤就要进行散热或吸热，同时还需要通过添加或减少所穿的衣服来调节。在内部空间设计时，尤其在使用空调的情况下，表3-1-1 中的数值就常成为热环境设计的重要依据。

室内热环境主要参照指标 表 3-1-1

项目/单位	允许值	最佳值
室内温度（℃）	12～32	20～22（冬季），22～25（夏季）
相对湿度（%）	15～80	30～45（冬季），30～60（夏季）
气流速度（m/s）	0.05～0.20（冬季），0.15～0.90（夏季）	0.1
室温与墙面温差（℃）	6～7	<2.5（冬季）
室温与地面温差（℃）	3～4	<1.5（冬季）
室温与顶棚温差（℃）	4.5～5.5	<2.0（冬季）

资料来源：来增祥、陆震纬编著，室内设计原理（上），北京：中国建筑工业出版社，1996.

在外部空间设计时，也可以尽量通过一些设计手段来获取较为理想的热环境，如夏季可以通过植物来遮挡强烈的阳光，通过喷雾来适当降低室外温度；冬季则可以通过围护墙体等来阻挡寒风等。

三、声环境

声环境的处理也是一门相当专业的学问，在影剧院等工程项目中，声学设计起着十分重要的作用。在大量日常的普通内部空间设计项目中，则主要涉及如何解决噪声的问题。希望通过吸声和隔声的措施，排除噪声的干扰，使人们能有一处安静的场所。表 3-1-2 所示为噪声级大小与主观感觉的对应表，而表 3-1-3 则为民用建筑一些主要用房的室内空间允许噪声级。上述资料均可作为设计时的参考数值和依据，并据此采取必要的措施，以创造良好的声环境。

噪声级大小与主观感觉 表 3-1-2

噪声级 A（dB）	主观感觉	实际情况或要求
0		正常的听阈，声压级参考值 2×10^{-5}（N/m²）
5	听不见	
15	勉强能听见	手表的嘀嗒声、平稳的呼吸声
20	极其寂静	录音棚与播音室，理想的本底噪声级
25	寂静	音乐厅、夜间的医院病房，理想的本底噪声级
30	非常安静	夜间医院病房的实际噪声
35	非常安静	夜间的最大允许声级
40	安静	教室、安静区以及其他特殊区域的起居室
45	比较安静	住宅区中的起居室，要求精力高度集中的临界范围。例如，小电冰箱，撕碎小纸的噪声
50	轻度干扰	小电冰箱噪声，保证睡眠的最大噪声值
60	干扰	中等大小的谈话声，保证交谈清晰的最大噪声值
70	较响	普通打字机的打字声，会堂中的演讲声
80	响	盥洗室冲水的噪声，有打字机打字声的办公室，音量大的收音机音乐
90	很响	印刷厂噪声，听力保护的最大值；国家《工业企业噪声卫生标准》规定值
100	很响	管弦乐队演奏的最强音；剪板机机械声
110	难以忍受	大型纺织厂、木材加工机械
120	难以忍受	痛阈、喷气式飞机起飞时 100m 距离左右
125	难以忍受	螺旋桨驱动的飞机

噪声级 A（dB）	主观感觉	实际情况或要求
130	有痛感	距空袭警报器 1m 处
140	有不能恢复的神经损伤的危险	如在小型喷气发动机试运转的试验室里

资料来源：《建筑设计资料集》编委会，《建筑设计资料集 No.2》（第二版），北京：中国建筑工业出版社，1994.

室内允许噪声级（昼间）　　　　　　　　　　　　表 3-1-3

建筑类别	房间名称	允许噪声级（A声级，dB）			
		特级	一级	二级	三级
住宅	卧室、书房	—	≤40	≤45	≤50
	起居室	—	≤45	≤50	≤50
学校	有特殊安静要求的房间	—	≤40	—	—
	一般教室	—	—	≤50	—
	无特殊安静要求的房间	—	—	—	≤55
医院	病房、医务人员休息室	—	≤40	≤45	≤50
	门诊室	—	≤55	≤55	≤60
	手术室	—	≤45	≤45	≤50
	听力实验室	—	≤25	≤25	≤30
旅馆	客房	≤35	≤40	≤45	≤55
	会议室	≤40	≤45	≤50	≤55
	多用途大厅	≤40	≤45	≤50	—
	办公室	≤45	≤50	≤55	≤55
	餐厅、宴会厅	≤50	≤55	≤60	—

注：夜间室内允许噪声级的数值比昼间小 10dB（A）。

资料来源：中华人民共和国国家标准《民用建筑设计通则》（GB 50352—2005），北京：中国建筑工业出版社，2005.

在外部空间设计中，亦往往希望营造比较安静的环境，在设计中可以通过墙体、植物或某些吸声隔声设施来隔绝或吸收噪声。

四、嗅觉环境

嗅觉环境首先应该考虑气味对人们的影响。美国心理学家对各种花卉的香味进行分类研究，发现各种气味会使人产生各种不同的感觉。在外部空间设计中可以通过植物形成良好的嗅觉环境，而在内部空间设计中则还可以通过香水等气味营造令人心旷神怡的环境。

影响嗅觉环境的另一个重要因素是各种不良气体的影响，在选址时要特别注意空气环境质量，尽量不要使人们的活动场所处于不良气体的下风向，减少不良气体对人体的伤害。

在内部空间设计中，嗅觉环境亦是不可忽略的内容。厨房内的油烟、客厅内的香烟味、装饰材料的刺激气味、因不完全燃烧而产生的 CO、人体呼出的 CO_2 及人体自身产生的体味等都不利于人体健康。如果不及时换气，将会影响室内空间的空气质量，严重时甚至还会使人头晕、呕吐乃至产生严重后果。因此，为了保持室内空间良好的嗅觉环境，必须注意室内通风问题，确保良好的空气质量，否则将会影响人的身心健康，产生不良后果。表 3-1-4 所示即为居住及公共建筑室内所需排气次数或换气量参数，可供设计时参考。

房 间 名 称	每小时排气次数或换气量	
住宅、宿舍的居室	1.0	注：①表中排气的换气次数或换气量均为机械通风的换气次数，在有组织的自然通风设计中，可适当减小，但不能少于自然渗透量； ②本表适合较高标准的设计和寒冷地区的设计；在不太冷或南方温热地区，靠门窗的无组织的穿堂风足以满足表中要求，所以，设计时须因地制宜地考虑。
住宅的厕所	25m³	
住宅、宿舍的盥洗室	0.5～1.0	
住宅、宿舍的浴室	1.0～3.0	
住宅的厨房	3.0	
食堂的厨房	1.0	
厨房的贮藏室（米、面）	0.5	
托幼的厕所	5.0	
托幼的盥洗室	2.0	
托幼的浴室	1.5	
公共厕所	每个大便器 40m³	
	每个小便器 20m³	
学校礼堂	1.5	
电影院剧场的观众厅	每人 10～20m³	
电影院的放映室	每台弧光灯 700m³	

$$每小时排气次数 = \frac{换气量（m^3/h）}{房屋容量（m^3）}$$

资料来源：同表 3-1-2.

五、触觉环境

人体的皮肤上有许多感觉神经，它有冷、热、痛等感觉，皮肤还具有一种恒温的功能，热时可以出汗散热，冷时则皮肤收缩（如起鸡皮疙瘩）以减少散热面。因此，在空间设计中，如何处理好触觉环境也是需要考虑的问题。

一般情况下，在靠近或接触人体的部位应该使用质感比较柔和的材料。在内部空间中最常用的材料是木材，这固然有木材易于加工、价格适中的优点，但更主要的是木材能给人以一种温暖柔和的触觉感受。同理，织物也是内部空间设计中经常选用的材料。在选择室内家具方面，目前，真皮沙发、布艺沙发、木质与软垫结合的沙发等大受欢迎，究其原因，主要亦是由于它们能给人一种触觉上的舒适感。

六、电磁环境

随着科技的发展，电磁污染越来越严重，对室内外环境设计也产生了越来越大的影响。所以在电磁场较强的地方，应采取一些屏蔽电磁的措施，以保护人体健康。

第二节　人际交往距离

人际交往距离与空间感受有着很大的关系，这是因为营造内外空间的主要目标是为人们提供一处可以交往的场所，而人际交往又涉及到人与人交往距离的研究。心理学家萨默（R. Sommer）曾提出：每个人的身体周围都存在着一个不可见的空间范围，它随身体移动而移动，任何对这个范围的侵犯与干扰都会引起人的焦虑和不安，使人产生不良的空间感受。

为了度量这一不可见个人空间的范围，心理学家做了许多实验，实验结果显示这是一个以人体为中心发散的"气泡"（bubble），这一"气泡"前部较大，后部次之，两侧最小。当个人空间受到侵犯时，被侵犯者会下意识地做出保护性反应，如表情、手势和身姿等。由于"气泡"的存在，人们在相互交往与活动时，就应保持一定的距离，而且这种距离与人的心理需要、心理感受、行为反应等具有密切的关系。霍尔（E. Hall）对此进行了深入研究，并由此概括成4种人际距离。他的研究成果对各类设计都产生了很大的影响，为设计师的空间组织和空间划分提供了心理学上的依据。下面就对这四种人际交往距离做一简要介绍。

一、密切距离

在 0~15cm 时，常称为接近相密切距离，亦就是爱抚、格斗、耳语、安慰、保护的距离。这时嗅觉和放射热的感觉是敏锐的，但其他感觉器官基本上不发挥作用。

在 15~45cm 时，常称为远方相密切距离，可以是和对方握手或接触对方的距离。

密切距离一般认为是表示爱情的距离或者说仅仅是特定关系的人才能使用的空间。当然在拥挤的公共汽车内，不相识的人也被聚集到这一空间中，但在这种情况下，人们会感到不快和不自在，处于勉强忍受状态之中。

二、个体距离

在 45~75cm 时，常称为接近相个体距离，是可以用自己的手足向他人挑衅（接触）的距离。

在 75~120cm 时，常称为远方相个体距离，是可以亲切交谈、清楚地看对方的细小表情的距离。

个体距离常适合于关系亲密的友人或亲友，但有时也可适用于工作场所，如顾客与售货员之间的距离亦常在这一范围之内。

三、社交距离

在 1.2~2.1m 时，常称为接近相社交距离，在这个距离内，可以不办理个人事务。同事们在一起工作或社会交往时，通常亦是在这个距离内进行的。

在 2.1~3.6m 时，常称为远方相社交距离，在这一距离内，人们常常相互隔离、遮挡，即使在别人的面前继续工作，也不致感到没有礼貌。

四、公众距离

在 3.6~7.5m 时，常称为接近相公众距离。敏捷的人在 3.6m 左右受到威胁时，就能采取逃跑或防范行动。

在 7.5m 以上时，常称为远方相公众距离，很多公共活动都在这一距离内进行。如果达到这样的距离而用普通的声音说话时，个别细致的语言差别就难以识别，对面部表情的细致变化也难以识别，所以，人们在讲演或演说时，或扯开嗓子喊，或缓慢而清晰地说，而且还常常运用姿势来表达，这一切都是为了适合公众距离内的听众的接受而采用的方式。

第三节　感觉的调整

受到生理条件和现实条件的限制，人对空间的感觉能力是有限的。人对空间的感觉往往与实际情况有一定的出入，对此有必要作一简要的分析。

一、图纸感受与实际感受

当人们研究或评议空间设计方案时，一般首先看到的是总平面图、平面图、透视图及模型等"图形"，人们由此想像未来的环境，做出好或不好的判断，这种感受可称为"图纸感受"或"图形感受"。而当空间环境建成之后，人们在其中活动，通过各种感觉器官产生关于这一空间的感受，这种感受称之为"实际感受"。

任何从事过工程设计的人都知道：这两种感受往往存在着差别，设计的"图形感受"是一回事，而"实际感受"往往是另一回事。而人们非常容易受图形感受的"误导"，造成不太理想的效果，在尺度很大的室外空间规划设计中尤其难以预想这种"实际感受"。例如现代建筑大师勒·柯布西耶曾设计了著名的印度新城昌迪加尔市中心（图3-3-1）。看了他的那张总平面图，人们感到这是一个成功的作品，"整体构图是华丽的，使人感到出于巨匠之手……"，但这只是一种"图形感受"。当美国城市设计专家培根（Edmund Bacon）亲临现场后，便获得了不同的"实际感受"，他说："那里的建筑相距如此之远，以致不能控制它们所处的空间，无论他采用多少铺地相连也不能达到成功。当从最高法院看议会大厦，它几乎缩小到火柴棍的比例……。勒·柯布西耶是伟大的大师，我们向他学习了许多现代设计的原则，但我们不能直接学习他这些原则在城市这一扩大的问题上的运用"[1]。

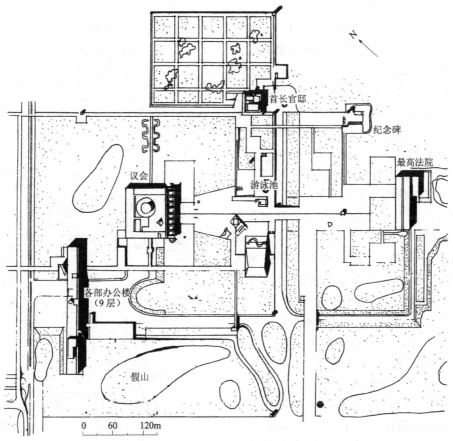

图 3-3-1　勒·柯布西耶设计的印度昌迪加尔市中心总平面图，中心占地 89hm²，地面为
步行广场，地下为汽车道及停车场，整个中心与城市之间布置假山、绿化等设施

事实上，产生这种差别的原因是很多的，一般认为主要是由感受者与图形及感受者与实际环境的关系不同而造成的（见表3-3-1）。

感受者与图形及感受者与实际环境的关系   表 3-3-1

感受者与图形的关系	感受者与实际环境的关系
感受者在对象之外	感受者在对象之内
感受者处于静态	感受者处于动态
感受者通过视觉感受	感受者通过各种感觉器官感受

资料来源：夏祖华、黄伟康编著，城市空间设计，南京：东南大学出版社，1992.

为了解决上述矛盾，人们曾做出种种努力，如做透视图、大比例的模型，乃至采用计算机虚拟技术，希望设计师能在设计阶段体会三度空间的实际效果，但事实上，这些方法似乎仍无法完全解决问题。因此，在目前的条件下，设计师应该努力积累自己对空间的"实际感受"，积极了解对各类空间的"实际感受"，并注意"图纸感受"与"实际感受"的差别现象，以此作为设计的经验基础，力求达到建成环境能接近于设计时预期的效果，使人们产生良好的实际感受。

二、简化及完整化的倾向

按照心理学的研究成果，人们不仅对平面图形的认知有简化和完整化的倾向，对三度空间的立体形象认知也有简化和完整化的倾向。美学研究已经指出："一个成85°或95°的角，其多于或少于直角的那个度就会被忽略不计，从而被看成一个直角；轮廓线上有中断或缺口的图形往往自动地被补足或完结，成为一个完整连续的整体，稍有一点不对称的图形往往被视为对称的图形等。"[2]

这里试以东南大学学者对太原"五一"广场的问卷调查结果来证实人们简化及完整化的心理倾向。图3-3-2为当时（1986年）的广场平面图，被调查者包括技术人员、干部、学生、工人、儿童和交通警察等人群，通过调查学者们获得了48份"五一"广场的认知地图和118份答卷。从调查结果可以看出，人们头脑中的感受不同于客观实物形象（图3-3-3）。（表3-3-2）则对这次调查结果进行了整理，发现：人们在认知中，已经对"五一"广场的平面进行了明显的简化。一条斜交75°的路被简化为垂直的，一个不完全对称的广场被完整化为完全对称的。

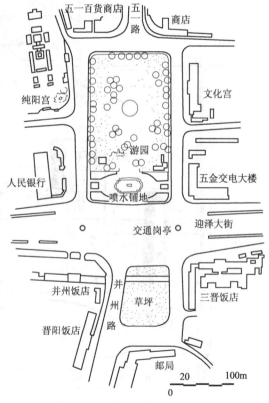

图 3-3-2 太原"五一"广场平面图（1986年现状）

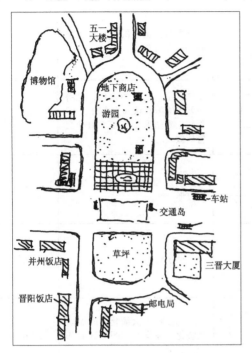

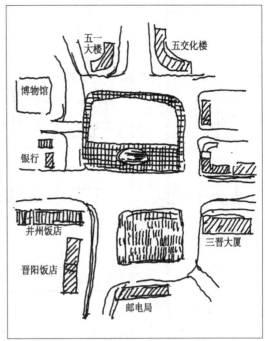

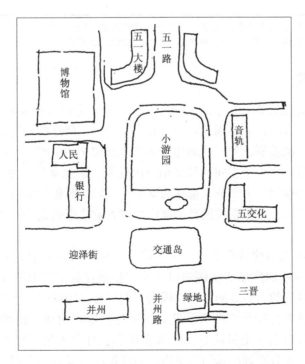

图 3-3-3　太原"五一"广场认知图举例

广场客观图形（略图）		市民主观认知的广场图形	客观与主观的图形的差别	份　数
丙 乙　丁 75° 甲	A		忽略甲与乙道路的错口或将道路偏斜方向弄反	33
	B		认知到甲、乙路的错口，但将甲与丁的偏斜认知为垂直。（2份较正确图形是广场上值勤交警所做）	14
	C		将广场认知为扁长方形，或接近方形	35
	D		将广场认知为竖长方形	9
	E		将广场图形大大简化，或加以完整化为完全对称图形（a，b为儿童所做） a　b　c	6

注：总计 48 份认知图。此分析只限对广场形状、几何关系的认知，其他未列入。
资料来源：夏祖华、黄伟康编著，城市空间设计，南京：东南大学出版社，1992.8.

三、直觉与错觉

多数人对环境的感觉都是直觉的、下意识的，而下意识的感觉常常会受错觉的支配。在一般情况下，人们并不需要对周围环境进行有意识的、理性的逻辑思维，因此人们常常忽略空间中一些微小的差别，如两片墙体、两条道路相交的角度、方向等。

在室外空间设计中，由于空间的尺度相对比较大，错觉常常发生。例如图 3-3-4 是某大学教学楼前的室外空间，大部分人都认为这是一个轴线对称的空间，庭院中的四块草地是大小相同的。但实际上，根据校园总平面图可以查觉这不是完全对称的构图，而是有偏斜的构图。

早在上个世纪维也纳建筑师卡米洛·西特（Camillo Sitte）就注意到城市空间产生错觉的现象，他曾列举欧洲广场的实例加以证实。如他提到不规则的耳布广场（图 3-3-5）在人们的印象中是规则的、直线的形状。因为人们很难将所看到的透视形象转换为平面的感觉，除非是对此进行特别研究的人。又如佛罗伦萨的玛丽亚·诺维那广场（图 3-3-6）是五边形的广场，且有四个角呈钝角，但事实证明在许多人的记忆中这个广场是四边形的，因为人们经常一次只看到广场的三条边，而其他的二条边在人们身后。另外，对其各边的交角是直角还是钝角也不清楚，因为一般的人从透视上不易分辨它们。这些都表明了，由于错觉使人们对平面图形的感受与人们的实际感受产生了差别。

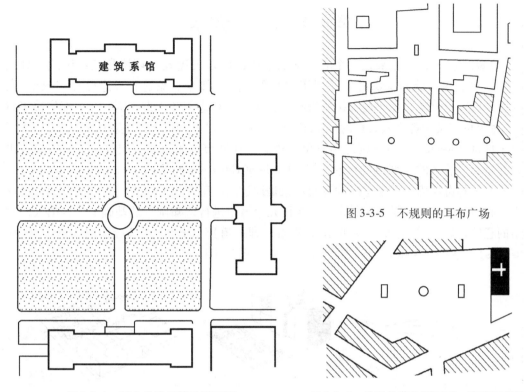

图 3-3-5　不规则的耳布广场

图 3-3-4　某大学教学楼总平面图　　图 3-3-6　佛罗伦萨的玛丽亚·诺维那广场

如果了解了错觉的特性，设计师反倒可以利用错觉产生预设的好效果，避免错觉引起的不良效果。如果不了解这些差别，我们就很可能受平面图形的"欺骗"，甚至还会受模型的"欺骗"。例如在评议设计方案时，当人们看到一个完全对称的总平面图上产生了部分偏斜，总感觉到"不舒服"。而这种图面上的"不舒服"感在实际生活中往往是不存在的，是一种不真实的感觉。在一些旧城改建设计中，常常由于片面追求图形上的整齐、规则、对称，而大动"手术"，拆除了本可不拆的建筑，付出了昂贵代价。

四、动态的综合感觉效应

人在静态状况下对空间的感受与在动态状况下对空间的感受也是有差异的。对此东南大学的师生曾做了一个有趣的试验，发现按照平面图，天安门广场比东南大学校园大 $7hm^2$，但大部分人凭自己的实际感受都觉得东南大学的校园比天安门广场大。那么为什么会产生这种感觉上的差异呢？这是因为人们是在运动中感受校园空间的，人们获得的是体验多重空间体系后产生的综合感受，而天安门广场没有任何分隔，人们可以一眼看穿，所以，东南大学校园使人们的主观感觉尺度大于天安门广场。

事实上，大部分空间是在人的运动中体验的，人们获得的是动态的综合的感觉效应，是在流动、对比、综合中产生的，所以设计中，要充分考虑空间限定、空间对比等因素对空间感受的影响。同样，一些广场或街道如果与其相连接的空间的大小不同，或地面铺砌的图案不同，或周围建筑的高低不同，这些综合的效应都会引起主观尺度感觉与客观尺度的差异。

第四节 认知意象

"意象"（Image）原来是一个心理学的术语，用以表述人与环境相互作用的一种组织，是一种经由体验而认识的外部现实的心智内化。如今意象这一概念已经在政治学、地理学、国际研究、市场研究等领域得到广泛运用。有些学者认为，所有行为都依赖于意象，"意象可定义为各个人累积的、组织化的，关于自己的和世界的主观认识"。美国学者凯文·林奇（Kevin Lynch）则运用意象的概念，在城市意象研究领域取得了开拓性的进展，并发表了著名的《城市的意象》(The Image of City) 一书。[3]

凯文·林奇认为：城市空间的客观形象是通过人的感官构成了人们主观的意象，也就是人们心目中的城市。凯文·林奇在对美国几个城市进行认知调查的基础上，根据人们对城市的意象，归结了城市形象的五个要素，即：道路（Paths）、边沿（Edges）、区域（Districts）、结点（Nodes）、标志（Landmarks）(图 3-4-1)。

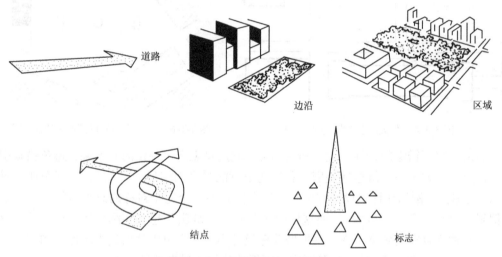

图 3-4-1　城市形象的五个要素

一、道路

大多数人都是通过在城市大街、小巷里车行或步行过程中使用和体验城市的，所以道路是很重要的一类城市空间。图 3-4-2 即为我国某村镇街道透视，它的曲折变化增添了街道空间的韵味，有助于人们留下深刻的印象。

二、边沿

边沿是指两个不同区之间形成的边界，它不一定是一条道路的立面。例如人们在杭州西湖中泛舟，可以观看到城市呈现为边沿的形态；人们在上海浦东，

图 3-4-2　道路空间的韵味

可以观看到上海浦西外滩呈现出的城市边沿形态；有时从城市外围的某一风景点，透过郊区的田野观看城市，也能看到这种边沿的效果（图3-4-3a，b）。

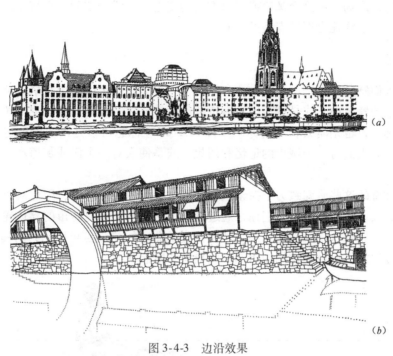

图3-4-3　边沿效果
（a）法兰克福临水城市立面；（b）鄞县鄞江镇光溪桥畔临水立面

三、区域

区域是指具有某种共同特征的城市区域，人们在其中活动能得到与其他城市地段明显不同的感受。例如上海城隍庙地区、南京夫子庙地区、苏州观前街地区是具有强烈特征的传统商业、游乐、文化区域（图3-4-4、图3-4-5）。

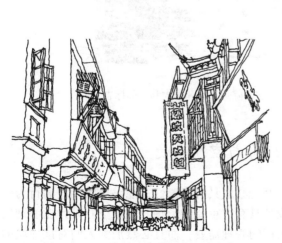

图3-4-4　上海城隍庙豫园商业步行街　　　图3-4-5　常州运河边的著名传统商业街

四、结点

结点指城市广场或道路交叉口或河道方向转变处等非线型空间。在城市的出入口或城市人流聚集的核心往往出现结点型的空间。

五、标志

标志是人们感觉和识别城市的重要参照物，它可能是城市中的电视塔，或一座有特征的山，如南京的紫金山，或是城市中极有特征的建筑或建筑群体，如悉尼大桥和悉尼歌剧院是悉尼的标志，也是澳大利亚的标志（图3-4-6）。标志可以是高大的，也可以是矮小的，它应能引起人们对一个城市的记忆和回想，或是使人对一个区或街道产生深刻的印象和留恋。

凯文·林奇的这些研究致力于探索人在室外空间中的实际感受，因此对于室外空间设计具有重要意义。例如，过去人们往往通过画城市剖面图来研究城市的立体轮廓，但是人们能从哪一视点见到这一剖面呢？而"边沿"是人们在一定地点可以见到的具体的城市形象，因此研究边沿的设计要比画城市剖面图更有实际意义。

图 3-4-6　悉尼大桥和悉尼歌剧院是悉尼和澳大利亚的标志

第五节　好奇与空间感受

好奇在心理学上又可称为好奇动机。好奇心理具有普遍性，能够导致相应的行为，尤其是其中探索新环境的行为，对于空间设计具有很重要的影响。如果空间设计能够别出心裁，诱发人们的好奇心，就不但满足了人们的心理需要，而且必然加深人们对该环境的空间感受，使之回味无穷。著名心理学家柏立纳（Berlyne）通过大量实验及分析指出：不规则性、重复性、多样性、复杂性和新奇性等五个方面是比较容易诱发人们好奇心理的因素（图3-5-1）。

一、不规则性

不规则性主要指布局的不规则。显然，规则的布局能够使人一目了然，不需花很大的力气就能了解它的全局情况，当然也就难以激起人们的好奇心。于是设计者就试图用不规则的布局来激发人们的好奇心。例如：柯布西耶设计的朗香教堂就是运用了不规则的平面布局和空间处理手法（图3-5-2及图2-4-20）。教堂屋顶下凹，平面由许多奇形怪状的弧形墙体围合而成，南面的那道墙也不垂直于地面，略作倾斜状，各墙面上"杂乱"地开了许多大小不一、形状各异、"毫无规律"的窗洞，整幢建筑可以说是极端的不规则，然而这也正是建筑的魅力所在。

在大多数情况下，空间的总体布局和基本的结构构件往往是有规律的，人们只能通过小品、绿化、家具、织物等的不规则布置造成活泼感，并以此诱发人们的好奇心理。如国外某珠宝店，就是在矩形室内空间中，通过悬吊在半空中的"S"型珠宝陈列台和相应的"S"型装饰构件打破了室内的规则感，使室内空间舒展而有新意，从而吸引了顾客前来观赏和选购，提高了营业额（图3-5-3）。

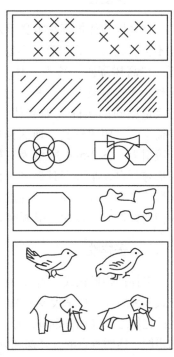

图 3-5-1　容易诱发人们好奇心理的五个因素

图 3-5-2　法国朗香教堂

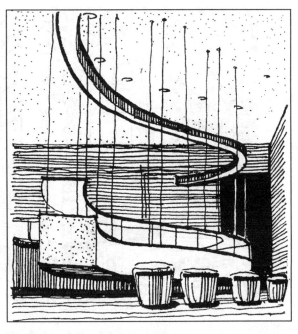

图 3-5-3　"S"型珠宝陈列台和相应的"S"型装饰构件

二、重复性

重复性往往指事物本身重复出现的次数。当事物的数目不多或出现的次数不多时，往往不会引起人们的注意，容易一晃而过，正如古人所云"高树靡阴，独木不林"。只有事物多次反复出现，才容易被人注意和引起好奇。设计师常常利用大量相同的构件（如墙体、构件、柜台、货架、座椅桌凳、照明灯具、地面铺地……）来加强对人的吸引力。图3-5-4所示为一鞋店，经营者采用了弧形陈列台、半圆形顶棚和半圆形网格铺地，通过弧形线条和深浅相间的铺地的多次重复出现来唤起人们的好奇心，以此吸引顾客。

图3-5-4　鞋店的弧形陈列台及其
相应的天花、铺地处理

三、多样性

多样性指形状或形体的多样性，另外亦指处理的方式多种多样。加拿大多伦多伊顿中心就是利用多样性的佳例之一（图3-5-5*a*，*b*）。伊顿中心将纵横交错的步廊、透明垂直的升降梯和倾斜的自动扶梯统一布置在巨大的拱形玻璃天棚下，两侧有立面各异的商店和造型色彩各异的广告，加上在高大中庭中吊挂的彩色气球和空中悬挂的飞鸟雕塑，构成了丰富多彩、多种多样的室内形象，充分诱发了人们的好奇心理和浓厚的观光购物兴趣。

（*a*）

（*b*）

图3-5-5　加拿大多伦多伊顿中心内景

（*a*）生气勃勃的购物中心；（*b*）悬挂的飞鸟雕塑

四、复杂性

运用事物的复杂性来增加人们的好奇心理是一种屡见不鲜的手法。特别是进入后工业社会以后，人们对于千篇一律、缺乏变化、缺少人情味的大量机器产品日益感到厌倦和不满，人们希望设计师们能创造出变化多端、丰富多彩的空间来满足人们不断变化的需要。复杂性一般具体表现为以下四种情况。

一是设计者通过复杂的平面和空间形式来达到复杂性的效果，西班牙巴塞罗那的米拉公寓就是这种情形（图3-5-6a，b，c）。公寓由不规则的几何图形所构成，十分复杂，加上内部空间的曲折蜿蜒，其室内就如深沉涌动的海洋，而天棚犹如退潮后的沙滩，令人感到激动和好奇。图3-5-7是又一例通过复杂平面达到复杂性的效果。图示为罗马尼亚布加勒斯特洲际旅馆，其平面十分复杂，变化多端的曲线墙面和柜台，加上家具、灯具、绿化、陈设等，宛如迷宫一般，激起人强烈的好奇心，十分吸引旅客。

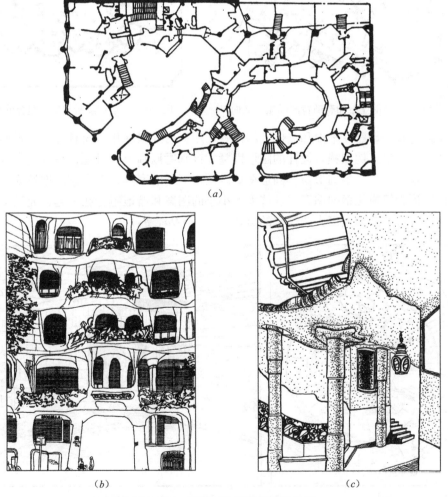

（a）

（b）　　　　　　　　　　　　　　　　　　（c）

图3-5-6　西班牙巴塞罗那米拉公寓

（a）公寓平面图；（b）公寓门厅部分立面；（c）公寓的天井

73

二是设计者在一个比较简单的空间中，通过运用隔断、家具等对空间进行再次限定，形成一种复杂的空间效果。这种方法对整体结构并无很大影响，但却可以造成富有变化的空间，而且又便于经常更新，因此受到设计师的青睐，使用十分广泛。如某商场的平面本身十分简洁，由简单的正方形柱网所构成，然而设计师运用隔断与柜台的巧妙组合而达到了多变的效果，使空间既丰富又实用（图3-5-8）。

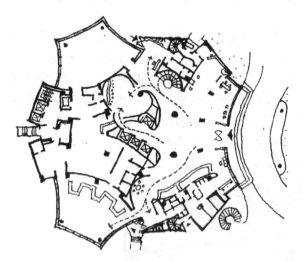
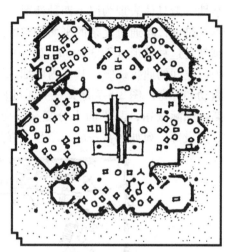

图3-5-7　罗马尼亚布加勒斯特洲际旅馆平面　　　图3-5-8　运用隔断和柜台组合的空间

三是通过某一母题在平面和立体上的巧妙运用，再配以绿化、家具等的布置而产生相当复杂的空间效果。例如赖特设计的圆形别墅，该别墅以圆形为母题，在设计布置中不断加以重复，如弧形墙、半圆形窗、圆形壁炉以及带圆角的家具，连满铺的地毯亦绘有赖特设计的由圆形为组成元素的图案。这些大大小小的图案和谐地组合在一起，充满幻想和变化，给人以好奇，激励人们去领略它的奥妙（图3-5-9a，b）。

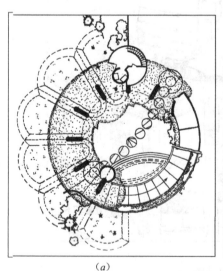

（a）　　　　　　　　　　　　　　　　　　　（b）

图3-5-9　赖特的圆形别墅

（a）底层平面图；（b）起居室内景

四是设计者把不同时期、不同风格的东西罗列在一起，造成视觉上的复杂，以引起人们的好奇。例如在有的室内环境中，一方面保留着大壁炉；另一方面又显露出正在使用的先进的空调设备；一方面采用不锈钢柱子；另一方面又保留着古典柱式……，这类设计手法，在激起人们好奇心理和诱发兴趣上都起了积极作用，其中维也纳奥地利旅行社就是著名的实例，大厅内并置印度风格的休息亭、不锈钢柱及金属棕榈树等，设计师的大胆创新和对历史的深刻理解已成为后现代主义室内设计的典范作品（图3-5-10a，b）。

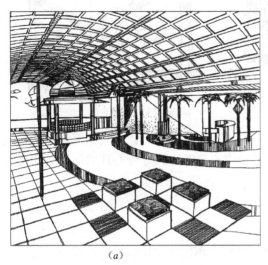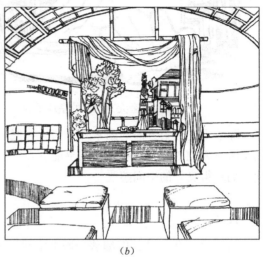

（a）   （b）

图 3-5-10　维也纳奥地利旅行社

（a）大厅内景，印度风格的休息亭、不锈钢柱及金属棕榈树；（b）咨询台及其陈设艺术品

五、新奇性

在空间设计中为了达到新奇性的效果，常运用以下三种表现手法。

第一种手法是使整个空间造型或空间效果与众不同，有些设计师常常故意模仿自然界的某种事物，有的餐厅就常常被故意布置成山洞和海底世界的模样，以引起人们的好奇和兴趣。如图3-5-11所示的空间就是一种变幻莫测的曲线和曲面，整个环境给人一种充满神秘、幽深、新奇、动荡的气氛。当然，这种手法一般造价高，施工又不方便，不宜过多采用。

图 3-5-11　古怪、迷幻而又新奇的室内空间

第二种手法则是把一些平常东西的尺寸放大或缩小，给人一种夸大、变形、离奇古怪的感受，使人觉得新鲜好奇，鼓励人们去探寻究竟。例如某个青少年服饰店，就是运用了一副夸大了的垒球手套，其变形的尺度给人一种刺激，使人觉得好奇，从而增强了吸引力（图3-5-12）。

第三种手法则是运用一些形状比较奇特新颖的雕塑、装饰品、图像或景物来诱发人们的好奇。例如在墙上设置了一幅装饰画，画面为一人向外窥视的姿态，很具戏剧性，且能激发起人们的好奇心理，有一种必欲一睹为快的心理（图3-5-13）。

图3-5-12　夸大了尺度的垒球手套

图3-5-13　有趣又诱人的装饰画

除了上述五个方面的因素外，诸如光线、材料，甚至独特的声音和气味等亦都常常被用来激发人们的好奇。总之，如果能够在空间设计中充分考虑到好奇心理的作用，就可以使人们获得良好的空间感受。

注释

[1] 夏祖华，黄伟康编著．城市空间设计．南京：东南大学出版社，1992.8.
[2] 夏祖华，黄伟康编著．城市空间设计．南京：东南大学出版社，1992.8.
[3] 王建国著．现代城市设计理论和方法．南京：东南大学出版社，2001.7.

第四章　空　间　限　定

在大自然中，空间是无限的，但就室内外环境设计涉及的范围而言，空间往往又是有限的。空间几乎是和实体同时存在的，被实体要素限定的虚体才是空间。离开了实体的限定，空间常常就不存在了。正像中国2000多年前老子说的那样："埏埴以为器，当其无，有器之用。凿户牖以为室，当其无，有室之用。故有之以为利，无之以为用。"（《老子》第十一章）老子的观点十分生动地论述了"实体"和"虚体"的辩证关系，同时亦阐明了空间限定的重要性，本章主要论述的就是空间限定问题。

第一节　空间限定的方法

在空间设计中，常常把被限定前的空间称之为原空间，把用于限定空间的构件等物质手段称之为限定元素。在原空间中利用限定元素限定出另一个空间，常采用的方法有以下几种，即设立、围合、覆盖、凸起、下沉、架起以及限定元素的变化。

一、设立

设立就是把限定元素设置于原空间中，而在该元素周围限定出一个新的空间的方式。在该限定元素的周围常常可以形成一种环形空间，限定元素本身则经常成为吸引人们视线的焦点。在内部空间，一组家具、雕塑品或陈设品等都可以成为这种限定元素；在外部空间，建筑物、标志物、艺术品、植物、水体等常常成为这种限定元素。这些限定元素既可以是单向的，也可以是多向的，既可以是同一类的物体，也可以是不同种类的。图4-1-1为某饭店内以绿化为中心，配合圆形灯具的一组座具，限定出一处供人休憩就餐的场所。图4-1-2则为北京天安门广场中的人民英雄纪念碑，纪念碑设置在广场中央，在它的周围限定出一圈纪念性空间，供人们参观凭吊，缅怀先烈的功勋。

图 4-1-1　某饭店内的一组座具

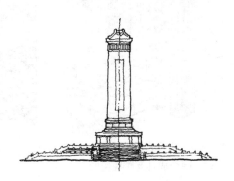

图 4-1-2　天安门广场中的人民英雄纪念碑

二、围合

通过围合的方法来限定空间是最典型的空间限定方法，在室内外空间设计中用于围合的限定元素很多，常用的有隔断、隔墙、布帘、家具、绿化等。由于这些限定元素在质感、透明度、高低、疏密等方面的不同，其所形成的限定度也各有差异，相应的空间感觉亦不尽相同。图4-1-3至图4-1-6即是一些实例。图4-1-3为利用推拉式活动隔断围合空间的情况，可按需要围合成大小不同的空间；图4-1-4则用圆形的座凳自我围合成一个休息空间，极具灵活性；图4-1-5为由柱子围合而成的空间，这些柱子系由垂直张拉线所组成，既是隔断又是灯饰，在光线的照射下，金镂玉透，具有朦胧美的意境，使整个空间为之生辉；图4-1-6则是在阁楼层空间中，利用桁架结构围合空间，这种因地制宜的手法自然而别具风味。

图 4-1-3　活动隔断围合空间

图 4-1-4　圆形座凳围合空间

图 4-1-5　由垂直张拉的线组成的
灯柱，围合成具有朦胧美的空间

图 4-1-6　阁楼层因地制宜地利用桁架来围合空间

此外，在室外空间中亦可利用柱廊、墙体、绿化等限定元素围合成特定的空间，满足人们使用需要。图4-1-7为巴西圣保罗市的商业中心广场，在建筑一侧附建有单面的拱廊，形成一过渡空间，以此围合空间，组织人流。

图4-1-7　巴西圣保罗市商业中心广场，以拱廊围合空间

三、覆盖

通过覆盖的方式限定空间亦是一种常用的方式。作为抽象的概念，用于覆盖的限定元素应该是飘浮在空中的，但事实上很难做到这一点，因此，一般都采取在上面悬吊或在下面支撑限定元素的办法来限定空间。图4-1-8是在室外环境中的露天商业咖啡座，由于伞的覆盖而限定出相应的空间。在室内设计中，覆盖这一方法常用于比较高大的室内空间环境中，当然由于限定元素的透明度、质感以及离地距离等的不同，其所形成的限定效果也有所不同；图4-1-9是由下垂的巨大圆柱体及其照明来限定不同的货位空间；图4-1-10通过顶棚的高差，限定出休息空间和服务空间，而图4-1-11则是利用圆形发光顶棚和铺地图案，强调限定了一个圆形区域，以重点展示颇具特色的服装。

图4-1-8　用伞限定的露天商业咖啡座空间

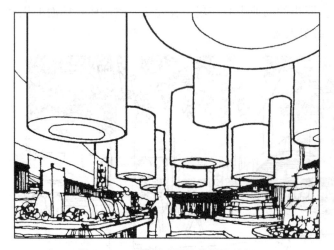

图 4-1-9　通过下垂圆柱体限定空间　　　　　图 4-1-10　通过顶棚高差限定空间

图 4-1-11　通过圆形发光顶棚及铺地图案强化空间限定

四、凸起

　　凸起所形成的空间高出周围的地面，在室内外空间设计中，这种空间形式有强调、突出和展示等功能，当然有时亦具有限制人们活动的意味。图 4-1-12 为德国斯图加特医疗管理中心广场的平面及局部鸟瞰，凸起的地面处理形成独特的空间效果。图 4-1-13 表示儿童在凸起的地台上玩耍，地面的升高使其具有一定的展示性，象征着家庭气氛的活跃和现代人的开放心态。

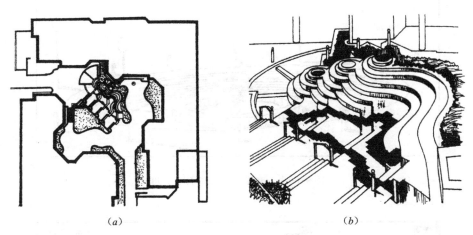

（a）　　　　　　　　　　　　　　　　（b）

图 4-1-12　德国斯图加特医疗管理中心广场
（a）平面图；（b）局部鸟瞰

图 4-1-13　儿童在地台上玩耍

五、下沉

　　与凸起相对，下沉是另一种空间限定的方法，它使该领域低于周围的空间，下沉式广场就是室外环境中常见的下沉空间（图 4-1-14）。在室内设计中，下沉空间既能为周围空间提供一处居高临下的视觉条件，而且易于营造一种静谧的气氛，同时亦有一定的限制人们活动的功能。当然，无论是凸起或下沉，由于都涉及地面高差的变化，所以均应注意安全性的问题。图 4-1-15 就是通过地面的局部下沉，限定出一个聚谈空间，增加了促膝谈心的情趣，同时也可以使室内空间显得有所提高；图 4-1-16 为一下沉阅览空间，下沉墙面可设书架，局部地面下沉既限定了空间，又丰富了空间层次。

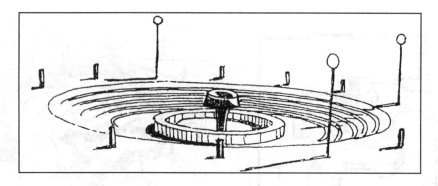

图 4-1-14 通过下沉地面限定空间

图 4-1-15 下沉式聚谈空间

图 4-1-16 下沉式图书阅览空间

六、架起

架起形成的空间与凸起形成的空间有一定的相似之处，但架起形成的空间解放了原来的空间，从而在其下方创造出另一从属的限定空间。在室内外环境设计中，设置夹层及通廊就是运用架起手法的典例，这种方法有助于丰富空间效果。图4-1-17所示悬挑在空中的休息岛及其下方的中庭空间，趣味性十分浓厚；图4-1-18（a，b）为美国国家美术馆东馆中央大厅内景，由于设置了巧妙的夹层、廊桥，使大厅空间互相穿插渗透，空间效果十分丰富。特别当人们仰目观看时，一系列廊桥、挑台、楼梯映入眼帘，阳光从玻璃顶棚倾泻而下，给人以活泼轻快和热情奔放之感。

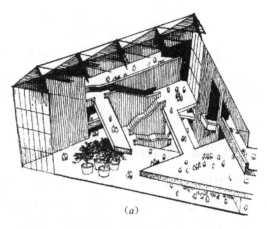

(a)

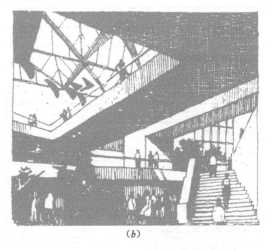

(b)

图4-1-17　悬挑的休息岛趣味性很强　　　图4-1-18　美国国家美术馆东馆中央大厅内景
　　　　　　　　　　　　　　　　　　　　（a）轴测图；（b）透视图

七、限定元素的变化

在空间设计中，通过限定元素的质感、肌理、色彩、形状及照明的变化，也常常能限定空间。这种限定主要通过人的意识和感受而发挥作用，一般而言，其限定度较低，属于一种抽象限定。但是当这种方式与某些规则或习俗等结合时，其限定度就会提高。图 4-1-19 即是通过地面色彩和材质的变化而划分出一个休息区，它既与周围环境保持极大的流通，又有一定的独立性。

图 4-1-19　通过地面色彩和材质的变化来限定空间

第二节　空间的限定度

通过设立、围合、凸起、下沉、覆盖、架起、限定元素变化等方法就可以在原空间中限定出新的空间，然而由于限定元素本身的特点不同和限定元素的组合方式不同，其形成的空间限定的感觉也不尽相同，这时，我们可以用"限定度"来判别和比较限定程度的强弱。有些空间具有较强的限定度，有些则限定度比较弱。

一、限定元素的特性与限定度

由于用于限定空间的限定元素本身在质地、形式、大小、色彩等方面的差异，其所形成的空间限定度亦会有所不同。表 4-2-1 即为在通常情况下，限定元素的特性与限定度的关系，设计人员在设计时可以根据不同的要求参考选用。

限定元素的特性与限定度的强弱 　　　　　　　　　表 4-2-1

限　定　度　强	限　定　度　弱
限定元素高度较高	限定元素高度较低
限定元素宽度较宽	限定元素宽度较窄
限定元素为向心形状	限定元素为离心形状
限定元素本身封闭	限定元素本身开放
限定元素凹凸较少	限定元素凹凸较多
限定元素质地较硬较粗	限定元素质地较软较细
限定元素明度较低	限定元素明度较高
限定元素色彩鲜艳	限定元素色彩淡雅
限定元素移动困难	限定元素易于移动
限定元素与人距离较近	限定元素与人距离较远
视线无法通过限定元素	视线可以通过限定元素
限定元素的视线通过度低	限定元素的视线通过度高

二、限定元素的组合方式与限定度

除了限定元素本身的特性之外，限定元素之间的组合方式与限定度亦存在着很大的关系。在现实生活中，不同限定元素具有不同的特征，加之其组合方式的不同，因而形成了一系列限定度各不相同的空间，创造了丰富多彩的空间感觉。为了分析问题的方便，可以假设各界面均为面状实体，以此突出限定元素的组合方式与限定度的关系。

（一）垂直面与底面的相互组合

垂直面与底面的相互结合 表 4-2-2

（1）底面加一个垂直面	（2）底面加两个相交的垂直面	（3）底面加两个相向的垂直面	（4）底面加三个垂直面	（5）底面加四个垂直面

1. 底面加一个垂直面

当人在面向垂直限定元素时，对人的行动和视线有较强的限定作用。当人们背向垂直限定元素时，有一定的依靠感觉。

2. 底面加两个相交的垂直面

有一定的限定度与围合感。

3. 底面加两个相向的垂直面

当人在面朝垂直限定元素时，有一定的限定感。若垂直限定元素较长且具有较大的连续性时，则能提高限定度，空间亦易产生流动感，室外环境中的街道空间就是典型实例。

4. 底面加三个垂直面

这种情况常常形成一种袋形空间，限定度比较高。当人们面向无限定元素的方向，则会产生"居中感"和"安心感"。

5. 底面加四个垂直面

此时的限定度很大，能给人以强烈的封闭感，人的行动和视线均受到限定。

（二）顶面、垂直面与底面的相互组合

顶面、垂直面与底面的相互组合 表 4-2-3

（1）底面加顶面	（2）底面加顶面加一个垂直面	（3）底面加顶面加两个相交垂直面	（4）底面加顶面加两个相向垂直面	（5）底面加顶面加三个垂直面	（6）底面加顶面加四个垂直面

1. 底面加顶面

限定度弱，但有一定的隐蔽感与覆盖感。

2. 底面加顶面加一个垂直面

此时空间由开放走向封闭，但限定度仍然较低。

3. 底面加顶面加两个相交垂直面

如果人们面向二个垂直相交的限定元素时，则有限定度与封闭感，如果人们背向此角落空间，则有一定的居中感。

4. 底面加顶面加两个相向垂直面

此时出现一种管状空间，空间有流动感。若垂直限定元素长且连续时，则封闭性强，隧道即为一例。

5. 底面加顶面加三个垂直面

当人们面向没有垂直限定元素时，则有很强的安定感，反之，则有很强的限定度与封闭感。

6. 底面加顶面加四个垂直面

这种构造给人以限定度高、空间封闭的感觉。

在实际工作中，正是由于限定元素组合方式的变化，加之各限定元素本身的特征不同，才使其所限定的空间的限定度也各不相同，由此产生了千变万化的空间效果，使我们的设计作品丰富多彩。

第三节　常用的空间限定元素

在日常生活中，空间主要分为室外空间和室内空间，这两类空间的用途不同，因此用于空间限定的元素也不相同，下面分别进行叙述。

一、外部空间的空间限定元素

用于限定外部空间的元素很多，常见的有：建筑物、界面、构筑物、场地、植物、水体、标识物、艺术品、街具等。这些元素一般都有重要的实用功能和完整的设计方法，这里仅就其限定空间的作用进行分析。

（一）建筑物和界面

在室外环境中，首先遇到的就是建筑物以及墙体对空间的限定。在旷野中，一幢建筑物和一片墙体起到是类似设立物的作用，在它们的周围可以限定出相应的空间。

当然，建筑物和墙体最主要的是发挥围合空间的作用，下面就从其高度、形状、纵向缺口的大小等方面分析其对围合空间的影响。

1. 高度对空间封闭感的影响

总体而言，建筑物和墙体的高度越高，对空间的封闭感越强。表 4-3-1 及图 4-3-1 显示了不同高度的墙体对空间封闭感的影响。

不同高度的墙体对空间封闭感的影响　　　　　　　　　　　　　表 4-3-1

墙体高度（cm）	对空间的封闭感
30	没有封闭感，人可以坐在墙体上
60	没有封闭感，有一定的空间限定感
90	同上
120	有一定的封闭感，身体的大部分被遮蔽，有一种安全感
150	有一定的封闭感，除头之外，身体的大部分被遮蔽，有较大的安全感
180	有封闭感，身体几乎完全被遮蔽，有安全感
大于 180	封闭感更强

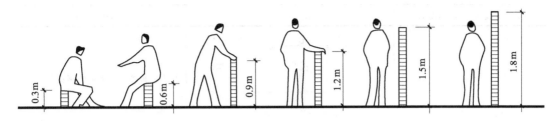

图 4-3-1 墙高的变化对空间的影响

当然，建筑物和墙体的高度对空间封闭感的影响还与人离开建筑物和墙体的距离有关，有关这方面的内容请参本书第五章第一节中有关尺度部分的论述。

2. 形状对空间封闭感的影响

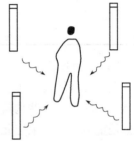

建筑物和墙体的形状对空间封闭感也有很大影响。四根圆柱可以围合空间，但这种围合未能形成封闭空间，空间的封闭感很弱（图4-3-2）。四片墙体围合成的空间，封闭感就较好，但如果四个角部都有缺口，则封闭感还不十分强（图4-3-3）；如果采用转折墙体围合空间，则空间的封闭感就更强了，这是因为转折墙体本身就形成了具有一定封闭感的转角空间，有利于加强空间的封闭效果（图4-3-4）。

图 4-3-2 四根圆柱围合空间，空间的封闭感弱

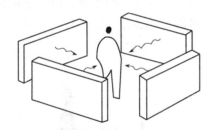

图 4-3-3 墙体围合空间，但转角有缺口，空间的封闭感尚可

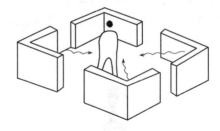

图 4-3-4 转折墙体围合空间，转角无缺口，空间的封闭感好

3. 纵向缺口对空间封闭感的影响

建筑物和墙体的纵向缺口对空间封闭感也有不小的影响，参见表4-3-2所示。

墙体纵向缺口宽度对空间封闭感的影响   表 4-3-2

缺口宽度 D/缺口高度 H	图　示	对空间的封闭感
$\dfrac{D}{H} < 1$		开口小，空间的封闭感较强，给人希望进入另一空间的感觉

缺口宽度 D/缺口高度 H	图　示	对空间的封闭感
$\dfrac{D}{H}=1$		给人一种均匀、平衡的感觉
$\dfrac{D}{H}>1$		开口大，空间的封闭感减弱

（二）构筑物

在室外环境设计中，总是会遇到很多构筑物，如塔耸结构物、桥梁、道路、驳岸、挡土墙、围墙等。这些构筑物具有重要的实用功能和相应的设计方法，但与此同时，它们往往也是重要的空间限定元素，发挥着设立、围合等限定空间的作用，具有连接、引导空间的功能。这里就其限定空间的内容进行分析。

1. 塔耸结构物

塔耸结构物的种类很多，古代的寺塔、碉楼，近代的钟塔以及今天常见的电视塔、水塔、跳伞塔、高大的烟囱等都是塔耸结构物。随着建筑材料和技术的发展，塔耸结构物的高度不断刷新，功能日趋复杂，成为城市结构中必不可缺少的部分（图4-3-5、图4-3-6）。

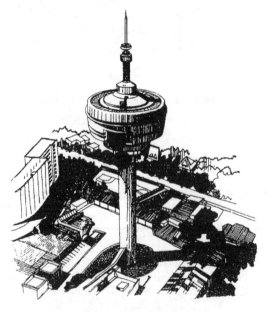

图 4-3-5　英国微波通信塔

图 4-3-6　苏州定慧寺双塔

从空间限定角度而言，各种塔形构筑物主要起着设立的作用，它们往往成为某一地区的制高点，是人们识别环境的标志物，对于整个城镇空间形象具有非常重要的作用。图4-3-7是两座科威特水塔，高耸的形体成为这一地区的空间设立物，给人以明确的标志性。图4-3-8是科威特的一组水塔，这组水塔不仅限定了空间，而且还为人们提供了遮荫，具有一定的覆盖作用。

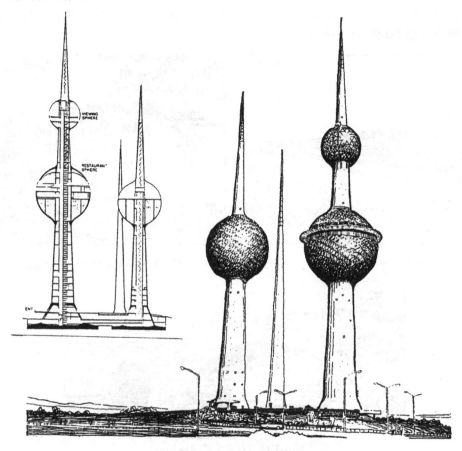

图 4-3-7　两座科威特水塔及剖面简图

图 4-3-8　一组科威特水塔

2. 桥梁

桥梁是一种非常重要的交通设施。桥的种类繁多，按用途可以分为人行桥、车行桥（公路桥、铁路桥、公路铁路两用桥）；按用材可以分为木桥、石桥、混凝土桥、钢筋混凝土桥、钢结构桥和组合梁桥；按结构形式，可以分为梁式桥、拱桥、刚架桥、斜张桥、悬索桥和组合体系桥……。桥的主要功能是跨越障碍，连接空间，引导人流车流，同时桥梁作为一种设立物，本身就可以起到限定空间的作用，而且桥梁还往往成为某一地区的视觉焦点和象征（图4-3-9～图4-3-11）。

图4-3-9　德国巴伐利亚州风景区内的浪式造型木桥　　　图4-3-10　北京颐和园十七孔桥

图4-3-11　日本长崎眼睛桥

当然除此之外，桥梁还有购物、休息、观景等辅助功能。图4-3-12的浙江景宁屋桥就属这种类型的桥，我国广西地区著名的风雨桥则是此类桥中的佼佼者，不仅造型优美，而且还可供人休息、观景。图4-3-13是意大利威尼斯的里亚托桥（Ponte di Riatto），桥上有屋，屋内有店，成为人们购物的场所，十分有趣。

3. 道路

道路的首要功能是供人们运动和车流行驶，但除此之外，其还有限定和组织空间的作用。道路有城市道路和公路之分，城市道路中又有专供步行的步行街，此外公园和风景区中的步行小道也是道路形式的一种。

就限定空间而言，道路可以作为边界来限定空间（图4-3-14）。

就组织空间而言，道路可以引导人流从一个空间走向另一个空间，具有连接组织空间的作用。图4-3-15显示了公园中的道路与灯柱、绿化一起组织空间。

图 4-3-12　浙江景宁屋桥

图 4-3-13　威尼斯的里亚托桥

图 4-3-14　道路强化了空间限定

图 4-3-15　道路组织了空间

在供车辆行驶的道路上，还有很多附属设施，如交通管理设施（交通标志、路面标记、导向性绿化、中央分隔带、交通信号机、紧急电话……）、交通安全设施（防护栅、护柱、遮挡眩光的设备、灭火设备、照明设备、标识、地下通道……）、交通防护设施（防止雪崩、山崩、落石、海浪等意外事故的设施……）、环境保护设施（测定噪声和 CO 的设施、测定其他污染物的设施、隔声壁……）等等，它们虽然附属于道路，但对于室外环境的效果往往具有很大的影响，在设计时都要仔细推敲斟酌。

4. 驳岸和挡土墙

驳岸用于水面与陆地相交之处，挡土墙则用于地面高差较大之处，一般而言，它们都有围合空间的限定作用。

驳岸常见有草皮驳岸、山石驳岸、树桩驳岸、卵石驳岸、混凝土驳岸等，它们各自有不同的空间效果，可以根据水面的情况予以选用。图 4-3-16 即为综合驳岸示意图。

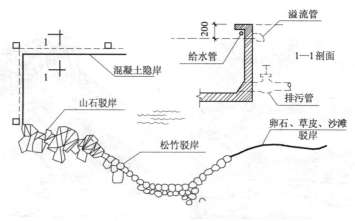

图 4-3-16　综合驳岸示意图

挡土墙的用材通常有树桩挡土墙、块石挡土墙、钢筋混凝土挡土墙等，可以根据地面的高差情况和空间效果加以选用。

5. 各类拦阻和引导设施

在室外环境设计中，还有不少阻拦和引导设施。它们主要分为两类，一类是采用围墙、栏杆、沟渠等阻拦设施对人流进行强制性的控制，另一类是利用低矮栏杆、制止性地面处理（如利用隆起的卵石铺砌地面，使人感到行走不舒服而达到组织人流的目的）、警告标志等设施对人流进行暗示性控制。外部空间中的各类拦阻和引导设施见表 4-3-3。

外部空间中的各类拦阻和引导设施　　　　　　　　　　　　　　　表 4-3-3

序　号	类　型	高度（m）	图　示	特　点
1	沟渠	渠深 1，宽 >1.5		能有效控制人流，又不遮挡视线； 有排水功能； 能够为场地增色
2	矮栏杆	高度 0.3～0.4 左右		不妨碍视线，保持空间的开敞； 可以兼作座凳休息用
3	地面高差变化	大于 0.6		可以防止行人进入，但又比较含蓄
4	分隔栏杆	0.9 左右		是标准的栏杆高度，有较强的围护作用； 栏杆高度在人体重心以下，如设在水边和山崖边，则易缺乏安全感

序 号	类 型	高度（m）	图 示	特 点
5	防护栏杆	1.2 左右	1.2m	围护作用较强； 栏杆高度在人体重心以上，安全感较强
6	护柱	1.2 以下		围合作用较弱； 如果护柱之间设置水平构件（如铁链），空间限定度会有所提高
7	栅栏	1.8 左右	1.8m	围护作用较强； 视线通透，能看到外面的景色
8	漏空墙	1.8 左右	1.8m	围护作用较强； 视线较通透； 有一定的保护私密性的功能
9	实墙	1.8 左右	1.8m	围护作用很强； 围合作用很强； 视线不通透，私密性强，能防窥、防风、遮光

参考资料：夏义民主编，园林与景观设计，重庆建筑工程学院建筑系，1986.11.

　　至于在设计中究竟采用哪种方式，则需要根据空间限定的要求进行具体分析。图 4-3-17 至图 4-3-20 显示了一些拦阻和诱导设施的实例。

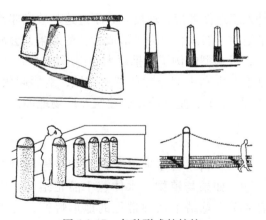

图 4-3-17　各种形式的护柱

图 4-3-18　与雕塑相结合的护柱

图 4-3-19　护柱设计成花坛形式，
　　　　　给人以安全感和美感

图 4-3-20　护柱与庭院灯相结合

（三）场地

这里的场地主要有两类，一类是人工的地面，另一类是自然的地形。通过场地进行空间限定是常用的手法，它一方面有助于形成特有的空间感染力，另一方面可以为其它空间限定元素提供基础条件。

1. 人工地面

一般而言，人工地面都是水平的，但为了形成空间的变化，也可以处理成有高差的台地和有坡度的倾斜地面。

带高差的台地在室外环境设计中经常使用，一方面有助于解决地形的高差问题，同时也有助于形成有趣的空间变化和视线变化。当然，为了达到无障碍的设计要求，往往同时需要考虑设置坡道。

为了解决场地排水问题，几乎所有的室外人工地面都带有坡度，只不过这些坡度非常小，人们一般感觉不到，仍然把它们视为水平地面。然而有时为了形成特殊的效果，会故意把室外人工地面设计成带有较大坡度的地面，最典型的例子当推意大利锡耶纳（Siena）的坎坡广场（Piazza del campo）。锡耶纳是位于意大利中部丘陵地带的古城，地形起伏，坎坡广场是世界上非常著名的广场，广场周围是 5、6 层左右的多层建筑，广场地面向一侧倾斜（图 4-3-21，图 6-2-12，图 6-2-13）。

2. 自然地面

与人工地面相比，自然地面的变化更大。巧妙利用自然地形不但有利于维持原有环境的生态平衡，而且可以形成特有的自然感，如果与植物、水体、小品相结合，则更能体现出浓郁的地域特色和空间效果。表 4-3-4 总结了六种常见的地形特征，可供参考。

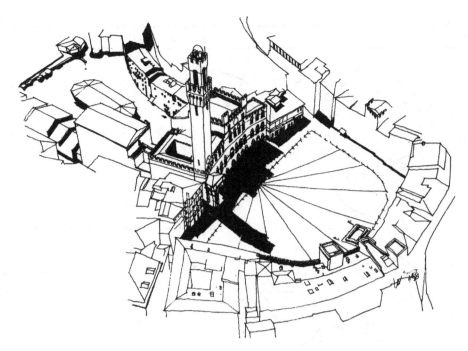

图 4-3-21　锡耶纳坎坡广场鸟瞰图

六种常见的地形特征　　　　　　　　　　　　　　　　　　表 4-3-4

名　　称	图　　示	景 观 特 征	其　　他
山丘		有360°全方位景观，外向性；顶部有控制性，适宜设标志物	组织排水方便，组织通路困难
低地、洞穴		360°全封闭，有内向性；有保护感、隔离感，属于静态、隐蔽的空间	排水困难，安置通路困难

95

名　称	图　示	景　观　特　征	其　他
岭、山脊	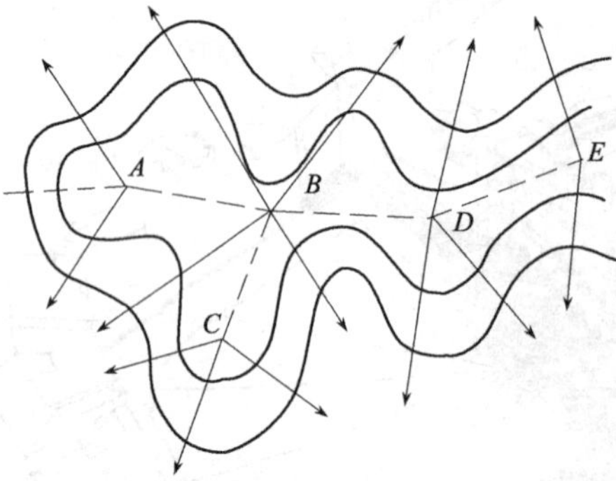	有多种景观，景观面丰富，空间为外向性	排水与道路交通都易于解决
谷地	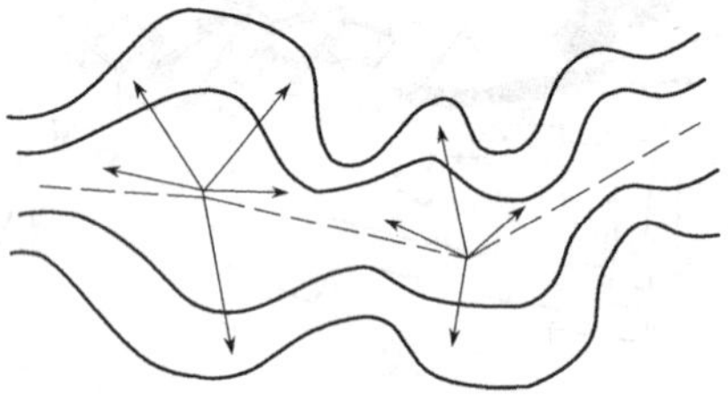	有较多景观，景观面狭窄，属内向性空间，有神秘感、期待感；山谷纵方向宜设视觉焦点	沿山谷形成水系排水，水系与通路方向一致
坡地	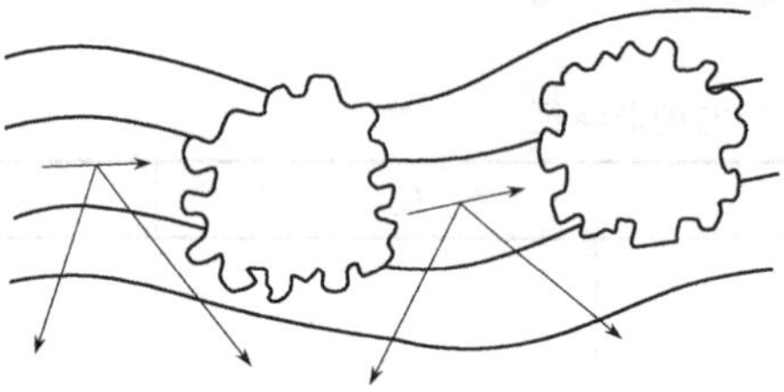	属单面外向空间，景观单调，变化少，空间组织困难，需分段用人工组织空间，以使景观富于变化	排水与通路都易于解决
平地	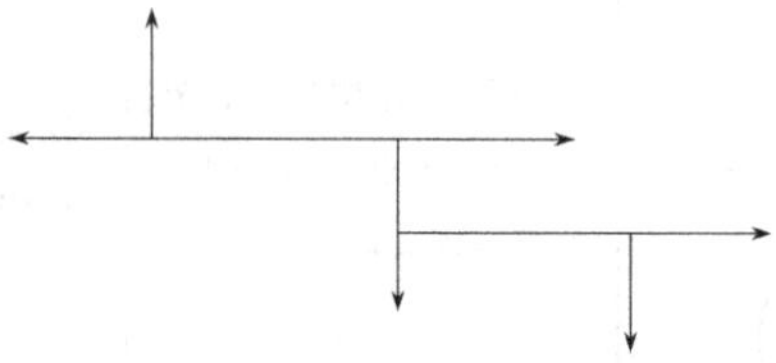	属外向性空间，视野开阔，可多向组织空间。易组织水面，使空间有虚实变化。景观单一，需创造具有竖向特点的标志作为视觉焦点	可随意通道路，排水较低地容易

资料来源：夏义民主编，园林与景观设计，重庆建筑工程学院建筑系，1986.11.

（四）植物

众所周知，植物具有美化环境、提供氧气和吸收二氧化碳的作用，然而除此之外，植物还有限定空间的作用，而且这种限定作用容易创造出千变万化的空间形态，且具自然柔和的效果。

1. 植物在空间中的作用

在空间限定中，植物可以发挥围合空间、覆盖空间、引导控制人流的功能，与此同时，植物还有以下作用。

首先，植物可以遮挡光线，植物可以提供阴影、防止强光、防止眩光、阻挡西晒。

其次，植物可以吸收一定量的噪声。植物的每片树叶都可以看作小小的吸声板，树冠的空隙也有一定的吸声作用，因此可以通过树木来降低噪声。

此外，植物还可以遮挡视线。植物可以遮挡大量需要隐蔽的物件，而且通过遮挡视线形成富有特色的景观效果。

2. 植物限定空间的基本尺度

在空间限定中，植物的类型、高度、以及植物与人体尺度的关系，可以形成不同的空间限定效果，表4-3-5对此进行了归纳。

不同尺度植物的空间限定效果　　　　　　　　　　　表 4-3-5

序　号	植物类型	植物高度（cm）	植物与人体尺度的关系	在空间限定中的作用	图　　示
1	草坪	<15	脚踝高	作为底界面	<15m
2	地被植物	<30	在踝膝之间	丰富底界面	<0.3m
3	低篱	40~45	膝高	引导人流	0.4~0.5m
4	中篱	90	腰高	分隔空间	0.9m
5	中高篱	150 左右	视线高	有围合感	1.5m
6	高篱	180 左右	约与人同高	全封闭	1.8m

序　号	植物类型	植物高度 （cm）	植物与人体 尺度的关系	在空间限定 中的作用	图　　示
7	乔木	500～2000	人可在树冠下活动	上围下不围	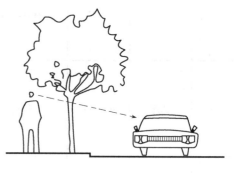

资料来源：夏义民主编，园林与景观设计，重庆建筑工程学院建筑系，1986.11.

3. 植物限定空间的基本方式

从植物和人视点位置的竖向关系分析，植物限定空间的方式基本上有以下三种。

第一种是围上不围下的方式。城市街道上的行道树就是此种实例，它可以遮挡城市中的建筑立面，但却可以使行人看见商店的橱窗，并且不影响司机在行车时的视线（图4-3-22）。

第二种是围下不围上的方式，这种方式可以遮挡视线以下的一些有碍观瞻的构筑物、设施、物品等（图4-3-23）。

图 4-3-22　围上不围下的方式

第三种是围上又围下的方式，这种方式视线遮挡比较密实，空间围合感比较强（图4-3-24）。

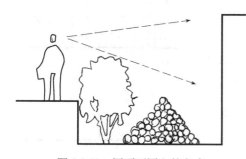

图 4-3-23　围下不围上的方式

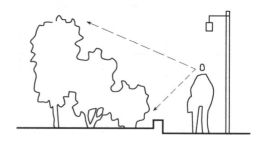

图 4-3-24　围上又围下的方式

4. 植物与建筑物结合共同限定空间

植物常常与建筑物结合共同限定空间，它们可以与建筑物一起围合成一个完整的、比较封闭的空间（图4-3-25）；也可以与建筑物一起围合成一个略有视线约束的半封闭的空间（图4-3-26）；还可以补上建筑物的缺口，使各界面更加完整（图4-3-27）。

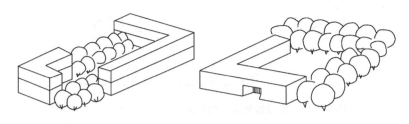

图 4-3-25　植物与建筑一起围合成一个完整的、比较封闭的空间

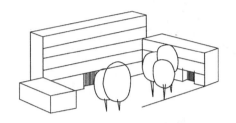

图 4-3-26　植物与建筑一起围合成一个
略有视线约束的半封闭空间

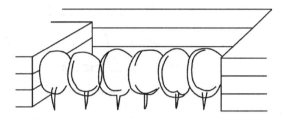

图 4-3-27　植物补上建筑的缺口，
使内外空间更为完整

5. 植物与地形结合共同限定空间

植物常与地形结合共同限定空间，它既可以强化地形的特点，也可以削弱地形的特点，设计者可以按设计意图，视实际需要创造出多种多样的空间形式，图 4-3-28 至图 4-3-34 就是几种应用情况的示意。

图 4-3-28　植物种在高处，强化地形，
使高处显得更高

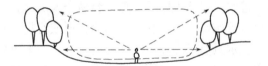

图 4-3-29　植物围住凹处，
使低处显得更低

图 4-3-30　通过植物掩盖地形变化，
使高处不显高、低处不显低

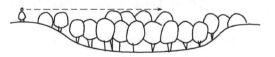

图 4-3-31　通过在凹处种植植物，抵消地形
变化，使地形显得平坦

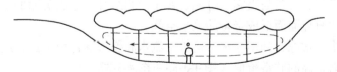

图 4-3-32　利用地形作围合物、植物树冠作覆盖物，
形成较为封闭、幽静的空间感受

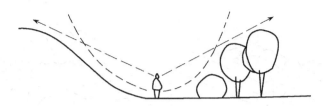

图 4-3-33　植物起补充地形作用，与地形共同围合空间

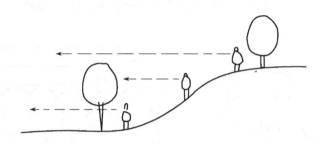

图 4-3-34　植物与地形共同组织空间景观

（五）水体

水在空间中一般以静水、流水、落水、喷水等几种方式出现。在空间设计中，常常综合这几种形式，运用水体的防御、隔离、阻止等功能限定空间；运用水体的流动和声响来组织空间、贯通空间和引导人流；运用水体的形态来美化空间。

1. 静水和流水

静水和流水一般只能形成空间的底界面，前者为静态的水体，后者为动态的水体。

静水可以给人以平静感，容易令人沉思；静水会产生倒影，有扩大空间的效果；静水中可以养殖水生植物和水生动物，形成有趣的水景观。

流水具有形态和声响上的变化，形态上可以是涓涓细流，也可以是湍急河流；听觉上可以是潺潺流水，也可以是哗哗流水，甚至可以是狂涛怒吼。设计中可以充分运用水体的形态和声响来表现特有的空间气氛和性格。

2. 落水和喷水

落水和喷水则可以形成空间的侧界面，前者为自上而下的水体，后者为自下而上的水体。

落水又称瀑布，有人工瀑布和天然瀑布之分，瀑布是难得的具有动态效果的侧界面，层层落下的叠瀑还可以形成侧向斜界面。

喷水又称喷泉，它既可以是单个喷泉也可以组成喷泉群，喷泉既可以设置在水中，也可以平时隐藏起来，直接设置在硬地上（旱地喷泉）。近年来，随着技术的进步，喷泉的品种有了很大的发展，常常与喷雾、灯光、音乐等相结合，形成美丽的空间视觉焦点，喷泉群还可以作为垂直界面而形成奇特的喷泉空间。

在空间设计中，常综合利用喷水、落水、流水和静水等各种手法，组成多种水景供人们品味观赏，具有很高的欣赏价值（图 4-3-35 ~ 图 4-3-37）。

图 4-3-35　美国加利福尼亚某学校水景

图 4-3-36　日本京都国际会馆水景

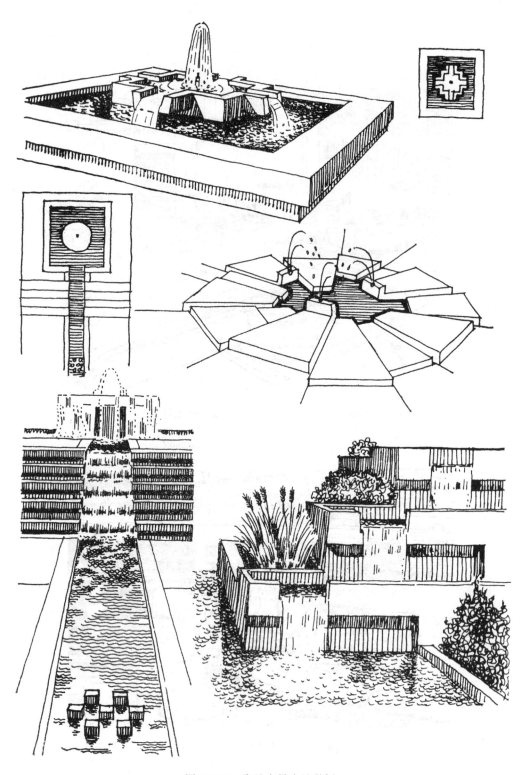

图 4-3-37　常见水景小品举例

（六）标识物和艺术品

标识物和艺术品也是室外环境设计中不可或缺的内容，它们对于限定空间、美化空间、引导人流和渲染气氛具有重要作用。

1. 标识物

标识物的种类很多。一般而言，标识物造型简洁（如为圆形、三角形、方形或矩形），色彩对比鲜明，以非常简洁明了的图案和文字来传递信息。在室外环境中，标识物往往发挥设立物的作用，有时也可以与其它元素组合在一起围合空间。

在处理标识物时，一定要注意各种标识物之间的呼应协调，同时也要注意标识物与其他限定元素之间的呼应（图4-3-38至图4-3-39）。

2. 艺术品

艺术品在室外环境中使用亦比较广泛（图4-3-40），大致可以分为两类，一类是纪念性空间中的艺术品。这类艺术品往往尺度较大、比较端庄，在整个空间组织中发挥着重要作用，在渲染主题方面起到画龙点睛的功效。

另一类艺术品则是运用于一般环境中。这类艺术品一般比较活泼，经常与其他室外元素一起发挥限定空间的作用，同时也起到美化空间、增强环境气氛的功能。

美国DOT运输机构和PAV公司提供的标识系统

图4-3-38　常见的标识（一）

指示方向　　问　询　　男用设施　　女用设施　　电　话　　呼救电话　　呼救设施　　货币兑换处

等候处　　徒步楼梯　　徒步上楼梯　　徒步下楼梯　　出　口　　入　口　　电　梯　　紧急出口

消防设施　　报警设施　　吸烟处　　禁烟处　　可饮用水　　急救站　　医　院　　西餐厅

借推车处　　行李寄存处　　失物招领处　　自行车存放处　　安　静　　会议室　　电影院　　安全保卫

咖　啡　　快　餐　　酒　吧　　舞　厅　　残疾人设施　　母子候车室　　失物招领　　售票处

走失儿童认领　　邮　政　　信　箱　　洗　衣　　干　衣　　熨　衣　　男更衣处　　女更衣处

理发室　　售书处　　盥洗室　　非饮用水　　行李托运　　自动扶梯　　候车室　　自动化行李寄存处

图 4-3-38　常见的标识（二）

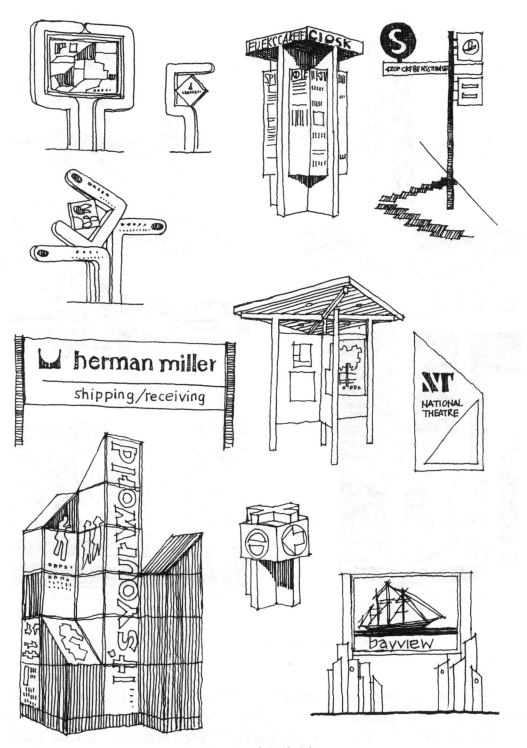

图 4-3-39　标识牌示意

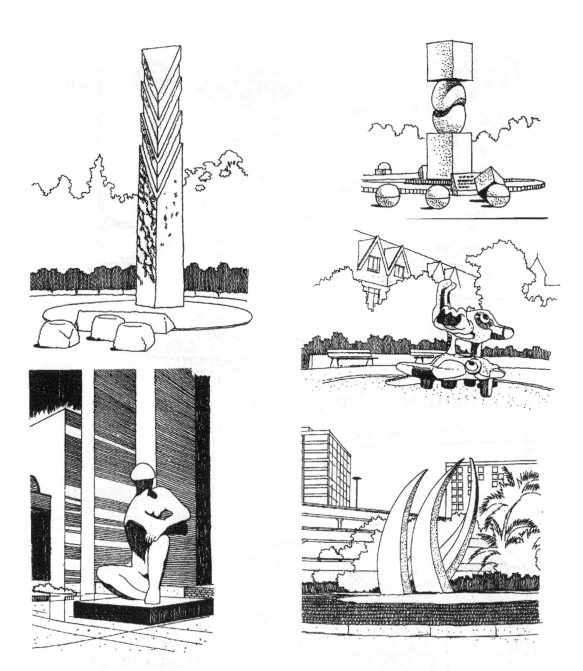

图 4-3-40　一些雕塑艺术品

（七）街具

街具（street furniture 或 urban furniture）一般泛指用于城市公共空间中的一些设施、户外家具等。街具涉及的种类很多，对于完善室外环境的功能具有非常重要的作用，同时从空间设计的角度来看，它们往往有限定空间和装饰美化空间的作用。表 4-3-6 是常见的城市街具类型。

分　类	常　见　用　品
卫生性街具	烟灰缸、废物箱、饮水器
休憩性街具	座椅（固定式、移动式）、游戏设施、健身设施
信息性街具	广告牌、各类标识、指路牌、电话亭、电子屏、时钟、橱窗
装饰性街具	雕塑、灯具、装饰性照明、花坛、树木、树篦、树池、水池、喷泉、旗幡、灯笼
功能性街具	售货亭、售货机、候车亭、邮筒、厕所、路障、护柱、排水设施、消防设施、变配电设施、排气塔
无障碍通行街具	坡道、专用标识

　　单个街具往往只能以设立的方式来限定空间，当同一类街具成组出现或不同类街具组合出现时，就可以发挥围合空间的作用了。当然，就空间效果而言，街具的造型、不同类街具之间的造型关系、街具与周围环境之间的造型关系都应该有所考虑，这样才能发挥其美化空间的最佳作用。图4-3-41至图4-3-48就是常见街具以及街具限定空间作用的示例。

图 4-3-41　常见的室外座椅

图 4-3-42　室外花池

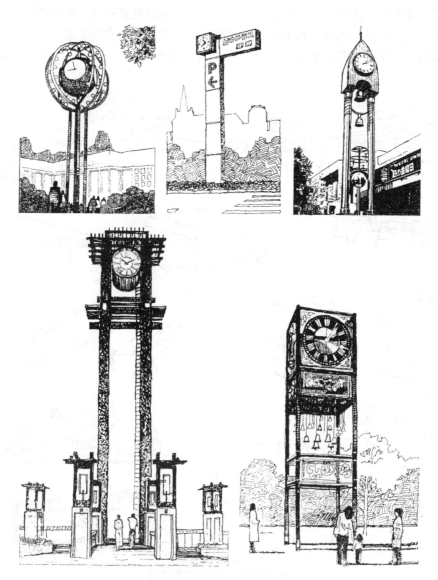

图 4-3-43　几种不同造型的街道时钟

图 4-3-44 街边的电话亭

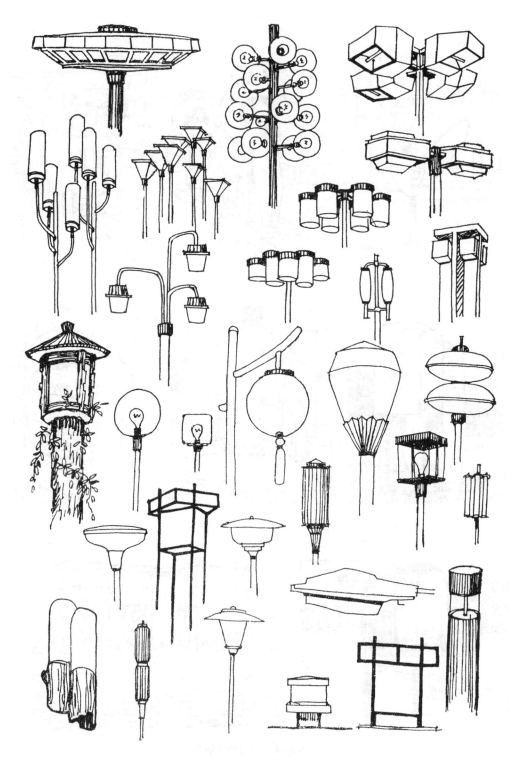

图 4-3-45　常见的各类灯具

图 4-3-46　球形灯具高低起伏，如团团升起的云朵

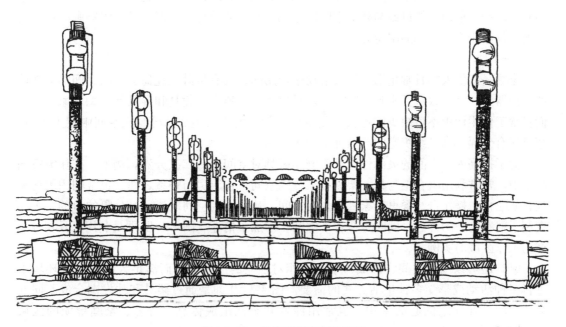

图 4-3-47　组成空间序列的路灯

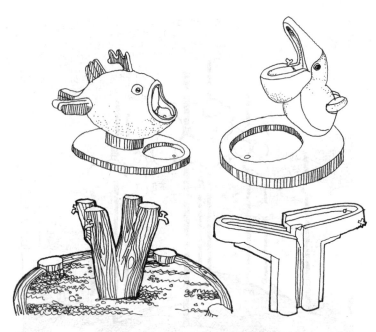

图 4-3-48　常见的各种饮水器

二、内部空间的空间限定元素

常用于内部空间的限定元素有界面、家具、织物、陈设品、绿化、水体等，上述元素中有些已经在前面介绍过或与外部空间限定元素有类似的特性，但家具和织物则是比较特殊的、仅用于室内空间的限定元素。

（一）家具

家具是指供人类日常生活和社会活动中使用的，具有坐卧、凭倚、贮藏、间隔等功能的生活器具。其大致包括坐具、卧具、承具、庋具、架具、凭具和屏具等类型。家具是人们日常工作生活中不可缺少的器具，是室内空间中的重要组成部分。从空间限定上来看，家具还有分隔空间、组织空间与填补空间等作用。

为了提高内部空间的灵活性，常常利用家具对空间进行二次分隔。例如，在住宅室内环境中，常常利用组合柜与板、架家具来分隔空间；在厨房与餐室之间，也常利用厨房家具，如吧台、操作台、餐桌等家具来划分空间，从而达到空间既流通又分隔的目的，不仅有利于就餐物品的传送，同时也节省了空间，增加了情趣。图 4-3-49 即是利用家具划分会客与工作区域的实例。

家具还可以围合空间，形成一个功能相对独立的区域，从而满足人们在室内环境中进行多种活动或享受多种生活方式的需要。图 4-3-50 即是通过架具和沙发围合成不同的会谈空间。在住宅的起居室中，也常用沙发和茶几组成休息、待客、家庭聚谈的区域（图 4-3-51）。

图 4-3-49　利用家具划分会客与工作区域

图 4-3-50　利用架具和沙发划分成不同的会谈空间

图 4-3-51　通过沙发、茶几等组成的家庭起居空间

（二）织物

织物是室内软环境设计中必不可少的重要元素，是现代室内环境中使用面最广、量最大的材料之一。织物的种类很多，若按材料来分，可分为棉、毛、丝、麻、化纤等织物；若按工艺来分，可分为印、织、绣、补、编结、纯纺、混纺、长丝交织等织物；若按用途来分，可分为窗帘、床罩、靠垫、椅垫、沙发套、桌布、地毯、壁毯、吊毯等织物；若按使用部位来分，可分为墙面贴饰、地面铺设、家具蒙面、帷幔挂饰、床上用品、卫生盥洗、餐厨杂饰及其他织物等（参见图5-1-11）。

织物具有诸多实用功能，如遮阳、吸声、调光、保温、防尘、挡风、避潮、阻挡视线、易于透气及增强弹性等作用；经过特殊处理的织物还能阻燃、防蛀、耐磨与方便清洗。织物在空间限定方面则可以发挥分隔与联系空间的作用。

由于织物具有可变性，所以利用织物限定空间具有很大的灵活性和可控性，能使空间流通开敞、可分可合、随意划分。图 4-3-52所示为用织物制成的垂帘来分隔空间，空间效果灵活多变。有时在空间中放置一块地毯，由于地毯质、色彩、图案的缘故，可以起到再次限定空间的作用（图 4-3-53*a*，*b*）。

图4-3-52　运用垂悬到地和不到地的装饰织物划分空间

（*a*）

（*b*）

图 4-3-53　居住空间内的地毯
（*a*）起居室一角；（*b*）活动帐篷内景

第五章 空 间 设 计

空间设计包括单个空间设计和群体空间设计两部分内容。单个空间设计主要涉及形、色、质、光、图案等基本造型元素；群体空间设计则主要涉及多个空间的连接与组合以及空间群体的艺术处理等更为复杂的问题。

第一节 单个空间的设计

空间设计的造型元素包括形、色、质、光等，这些元素作为统一整体的组成部分，相互影响、相互制约，彼此间存在着紧密的关系。然而尽管如此，每一种造型元素仍有其相对独立的特征和设计手法，只有熟练掌握这些特征和设计手法，才能在设计中做到游刃有余，从而创作出优秀的作品。以下对形、色、质、光、图案、比例尺度这几种基本造型元素逐个加以分析。

一、形状

形是创造良好的视觉效果和空间形象的重要媒介。形主要可以分为以下几类(图 5-1-1)。

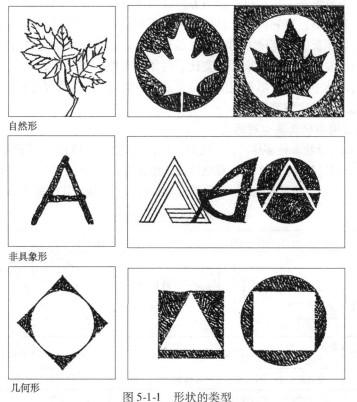

自然形

非具象形

几何形

图 5-1-1 形状的类型

● 自然形——它表现了自然界中的各种形象和体形。这些形状可以被抽象化，这一抽象化的过程往往是一种简化的过程，而且同时保留着它们自然来源的根本特点；

● 非具象形——一般是指不去模仿特定的物体，也不去参照某个特定的主题而形成的形状。有些非具象形是按照某一种程序演化出来的，诸如书法或符号。还有一些非具象形是基于它们的纯视觉素质的几何性和诱发反应而生成的；

● 几何形——在空间设计中使用最为频繁。几何形中主要有直线形与曲线形两种。曲线形中的圆形和直线形中的多边形是其中最规整的形态。在所有几何形中，最醒目的要数圆形、三角形和正方形，推广到三维中就生成了球体、圆柱体、圆锥体、方锥体与立方体。

圆是一种紧凑而内向的形状，这种内向一般是对着圆心的自行聚焦。它表现了形状的一致性、连续性和构成的严谨性。圆的形状通常在周围环境中是稳定的，且以自我为中心。当与其他线形或其他形状协同时，圆可能显出分离的趋势。曲线或曲线形都可以看作是圆形的片断或圆形的组合。无论是有规律的或是无规律的曲线形都有能力去表现柔软的形态、流畅的动作以及生物繁衍生长的特性。

当三角形站立在它的一条边上时，给人的感觉比较稳定；然而，当它伫立于其某个顶点时，三角形就变得动摇起来。当趋于倾斜向某一条边时，它即处于一种不稳状态或动态之中。三角形在形状上的能动性也取决于它三条边的角度关系。由于它的三个角是可变的，三角形比正方形和矩形更加灵活多变。此外，在设计中也比较容易将三角形进行组合，以形成方形、矩形以及其他各种多边形。

正方形表现出纯正与理性，它的四个等边和四个直角使正方形显现出规整和视觉上的精密与清晰性。正方形并不暗示也不指引方向。当正方形放置在自己的某一条边上时，是一个平稳而安定的图形；当它伫立于自己的一个顶角上时，则转而成为动态。各种矩形都可被看成是正方形在长度和宽度上的变体。尽管矩形的清晰性与稳定性可能导致视觉的单调乏味，但借助于改变它们的大小、长宽比、色泽、质地、布局方式和方位，就可取得各种变化。在空间设计中，正方形和矩形显然是最规范的形状，它们在测量、制图与制作上都很方便，在施工上也比较容易。

（一）内部空间形状及其心理感受

单个内部空间的形状多种多样、富有变化，但较为典型的可归纳为正向空间、斜向空间、曲面空间和自由空间这几类。它们各自都能给人以相应的心理感受，设计师可以根据特定的要求进行选择，再结合相应的界面处理、色彩设计和材料选择来强化其空间感受（表5-1-1）。

室内空间形状及其心理感受 表5-1-1

室内空间形状	正 向 空 间				斜向空间		曲面及自由空间	
心理感受	稳定、规整	稳定、有方向感	高耸、神秘	低矮、亲切	超稳定、庄重	动态、变化	和谐、完整	活泼、自由
	略呆板	略呆板	不亲切	压抑感	拘谨	不规整	无方向感	不完整

资料来源：来增祥、陆震纬编著，室内设计原理，北京：中国建筑工业出版社，1996

（二）外部空间形状及其心理感受

单个外部空间的形状多种多样，很难进行简单分类。一般而言，室外空间中的街道空间是长向的线状空间，绿地空间则形状非常丰富、变化繁多，相比之下，广场和庭院的形状比较有规律，下面主要以广场的形状为例，简要介绍外部空间形状及其心理感受，以期起到举一反三的作用。

广场是一种重要的外部空间，其形态受到地形、观念、文化等多种因素的影响。就其平面形状而言，基本可分为规整形广场和自由形广场两大类。

1. 规整形广场

广场的形状相对严整对称，有明显的纵横轴线，广场旁的主要建筑物往往布置在主轴线的主要位置上，整个空间给人以端庄之感。规整形广场又有以下几类：

（1）正方形广场

广场平面为正方形，无明显的方向性，可根据城市道路的走向、主要建筑物的位置和朝向来表现出广场的朝向，如巴黎的旺多姆广场（图 5-1-2）即是一例。

（2）长方形广场

广场平面呈矩形，有纵横方向之别，能强调出广场的主次方向，有利于分别布置主次建筑；在作为集会游行广场使用时，会场的布置及游行队伍的交通组织均较易处理。这种广场平面的长宽比一般无统一规定，但比

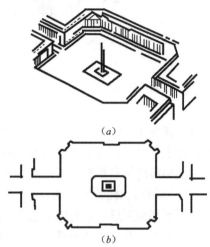

（a）

（b）

图 5-1-2 巴黎的旺多姆广场
（a）广场鸟瞰；（b）广场平面

例过大时，会使广场有狭长感，或成为广阔的干道，减少了广场的气氛（图 5-1-3、图 5-1-4）。

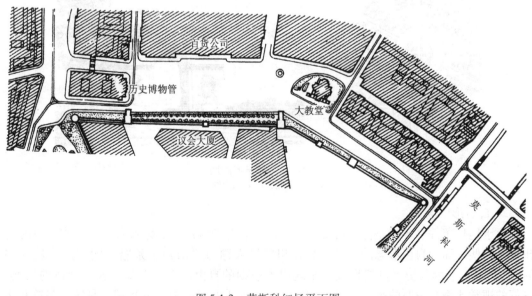

图 5-1-3 莫斯科红场平面图

图 5-1-4　江苏洞庭东山镇石桥广场
(a) 广场鸟瞰；(b) 广场平面

（3）梯形广场

广场平面呈梯形，有明显的方向感，容易突出主题。广场只有一条纵向主轴线，主要建筑布置在主轴线上，如果布置在短底边上，容易获得主要建筑的宏伟效果；如果布置在长底边上，容易获得主要建筑与人较近的视觉效果；还可以利用梯形的透视感使人在视觉上形成梯形广场有矩形广场之感，罗马卡皮托市政广场就是一例（图6-2-17、图6-2-18）。

（4）圆形和椭圆形广场

圆形和椭圆形广场的向心感更强一些。广场四周建筑的立面往往应按圆弧形设计，才能形成圆形或椭圆形的外部空间。又由于人的视力关系，在广场的半径不大时，方能感到有圆形、椭圆形广场的形象感觉，当半径超过100m时，则圆形、椭圆形的感觉逐渐降低（图5-1-5a，b、图5-1-6a，b）。

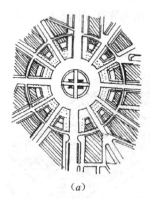

图 5-1-5　巴黎星形广场
(a) 平面图；(b) 透视图

2. 自由形广场

由于地形条件、环境条件、历史条件、设计观念和建筑物的体形布置等要求，有时也出现了一些平面为自由形态的广场，如四川罗城人称为"山顶一条船"的梭形广场（图5-1-7）。该广场因其历年自然形成而呈现出不规则的自由形态，但却给人以舒适的尺度、良好的视觉比例和浓厚的生活气息，构成了城市生活中"如画"的景观，是城市名符其实的"起居室"。

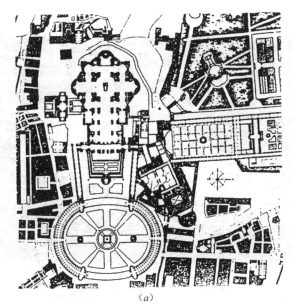

(a)

(b)

图 5-1-6　圣彼得大教堂广场
(a) 平面图；(b) 鸟瞰图

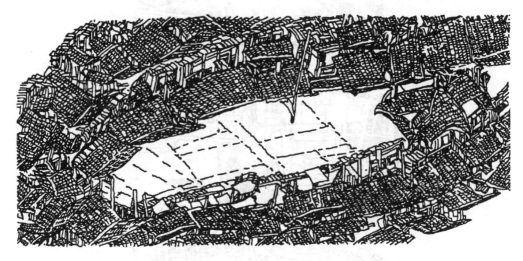

图 5-1-7　四川罗城的梭形广场

　　此外还有数个单一形广场组合成的自由形广场，这种自由形广场提供了较单一规整形广场更多的功能合理性和景观多样性。如佛罗伦萨长老会议广场及乌齐菲广场（图 5-1-8）和法国南锡广场群（图 5-1-9）等。

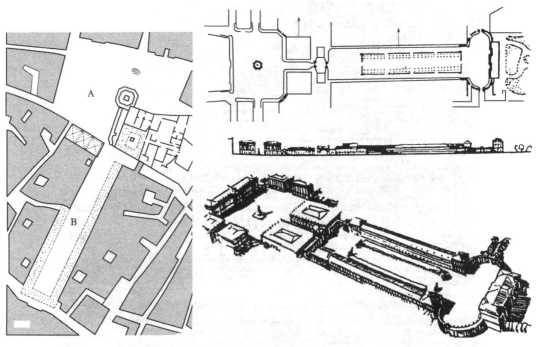

图 5-1-8　佛罗伦萨长老会议广场
及乌齐菲广场平面
A—长老会议广场；B—乌齐菲广场

图 5-1-9　法国南锡广场群平面及鸟瞰

二、色彩

色彩能表达出丰富的情感，视觉效果非常明显，而相比之下成本却很低廉，因此色彩设计在空间设计中占有非常重要的地位，往往能取得出奇制胜的效果。

（一）色彩与心理感受

色彩是一个非常丰富多彩的世界，在这个丰富的色彩世界里，不同的色彩有着不同的性质和特征，能给人以不同的心理感受。

1. 色彩与感受

色彩能给人以不同的心理感受，产生冷暖感、轻重感和软硬感。表 5-1-2 表示了色相、明度、彩度与人的心理感受的关系。

色相、明度、彩度与人的心理感受   表 5-1-2

色 的 属 性		人 的 心 理 感 受
色相	暖色系	温暖、活力、喜悦、甜热、热情、积极、活泼、华美
	中性色系	温和、安静、平凡、可爱
	冷色系	寒冷、消极、沉着、深远、理智、休息、幽情、素静
明度	高明度	轻快、明朗、清爽、单薄、软弱、优美、女性化
	中明度	无个性、随和、附属性、保守
	低明度	厚重、阴暗、压抑、硬、迟钝、安定、个性、男性化
彩度	高彩度	鲜艳、刺激、新鲜、活泼、积极、热闹、有力量
	中彩度	日常的、中庸的、稳健、文雅
	低彩度	无刺激、陈旧、寂寞、老成、消极、无力量、朴素

资料来源：陈易、陈永昌、辛艺峰主编，室内设计原理，北京：中国建筑工业出版社，2006

（1）色彩的冷暖感

色彩本身是没有温度的，但是由于人们根据自身的生活经验所产生的联想，使色彩能给人以冷暖的感觉。通常人们看到暖色系的色彩就会联想到暖和、炎热、火焰、阳光；看到冷色系就联想到寒冬、夜空、大海、绿荫，有凉爽、冷静的感觉。冷色系与暖色系的划分是以色相为基础的。在色相环中，红、黄、橙等色调称为暖色调；蓝、蓝绿、紫等色调称为冷色调；绿、紫色为中性微冷色；黄绿色、红紫色为中性微暖色。

各种色彩都有冷暖倾向，如当中性的绿色偏蓝，变为蓝绿色时产生冷的感觉；当中性的绿色偏黄色，变为橄榄绿或黄绿色时产生温暖的感觉。红在偏蓝色时为紫红，虽然处在红色系，但具有冷的意味，同时在一般情况下大红比朱红冷。

在无彩色系中，白色偏冷，因为它反射所有色光；黑色偏暖，因为黑色吸收所有色光；灰色是中性色，当它与纯度较高的颜色放在一起时，就会有冷暖的差别，如：灰色与黄色，灰色会显得冷；与蓝色在一起，灰色就会显得暖。总之，色彩的冷或暖是相对而言的，是相互对比而存在的。

（2）色彩的轻重感

色彩的轻重感是从人的心理感觉而引发出来的，如白色的物体感到轻，会使人联想到棉花、轻纱、薄雾，有飘逸柔软的感觉；黑色使人联想到金属、黑夜等具有沉重感。明度高的色彩轻快、爽朗，而明度低的色彩稳重、厚实。明度相同时，鲜艳的颜色感觉重，纯度低的颜色感觉轻；纯度高的暖色具有重的感觉，纯度低的冷色有轻的感觉。

（3）色彩软硬感

色彩的软与硬的感觉与色彩的明度和纯度有关。浅色调、灰白色调等高明度的色彩比较软，色调比较柔和。纯色中加进灰色，使色彩处于色立体明度上半球的非活性领域，则色彩容易显得柔和稳定、没有刺激、柔美动人。总之，软色调带给人们的是一种柔美、朦胧和微妙的气氛感受。

2. 色彩与联想

色彩本身包含着丰富的情感内涵，人们内心的情感、审美情趣都可以通过色彩来体现。

（1）红色

其是一种积极的、自我奋斗的、响亮的、男性化的颜色。它具有狂风暴雨般的激情，富有动感，红色"用直接的方式达到理想中的愿望。它具有狂热的、充满激情的、不带任何拐弯抹角的精神；同时红色又具有侵略性，在必要的时候可运用暴力。"红色火热、艳丽而又都市化。

（2）橙色

兴奋、喜悦、心直口快、充满活力。"开放、大方、亲密直接、接受型、感情洋溢的。人的行动在橙色里与心相连，没有任何的拘束。因此，橙色最大限度地代表了焦急、温暖和真挚的感情。"橙色代表平和，一视同仁。

（3）黄色

最明亮、最光辉的颜色。"黄色给人十分温暖、舒服的感觉。晴天令人愉悦，心情变得开朗起来，如同一股温暖和风迎面吹来。"黄色亦代表希望、摩登、年轻、欢乐和清爽。

（4）绿色

生命的颜色。"绿色与生命以及生长过程有着直接的关系。"绿色有着健康的意义，具有理想、田园、青春的气质。

（5）蓝色

一种让人幻想的色彩。深邃的大海、白云飘浮的蓝天令人产生无穷无尽的遐思，蓝色使天空更加广阔，仿佛在无止境地扩张、膨胀，同时蓝色冷静沉着，给人以科学、理想、理智的感觉。

（6）紫色

最有魅力、最神秘的颜色。它高贵、幽雅、潇洒，它是红色和蓝色的混合，"在某种程度上是火焰的热烈和冰水的寒冷的混合，而两种相互对立的颜色又同时保持了它们潜在的影响力。"

（7）白色

光明的颜色，是一种令人追求的色彩。它洁净、纯真、浪漫、神圣、清新、漂亮，同时还有解脱和逃避的特质。

（8）灰色

黑白之间。"灰色作为一种中立，并非是两者中的一个——既不是主体也不是客体；既不是内在的也不是外在的；既不是紧张的也不是和解的。""灰色的感情便是逃避一切事物，保持着虚幻的阴影、幻觉和幻影。它的苍白和郁闷体现了原始的寂寞。"它无聊、雅致、孤独、时髦。

（9）黑色

美丽的颜色，具有严肃、厚重、性感的特色。黑色在某种环境中给人以距离感，具有超脱、特殊的特征。任何一种颜色在黑色的陪衬下都会表现得更加强烈。黑色提高了有彩颜色的色度，使周围的世界变得更加引人注目。黑色是美丽的色彩、黑色是吸引人的色彩。

3. 色彩的空间效果

（1）色彩的视觉认知度

色彩的视觉认知度取决于视觉主体与背景的明度差，这个明度差决定了视觉认知度的高低。色相、明度、纯度对比强的色彩，视觉认知度高，反之，视觉认知度低。

（2）色彩的感觉——前进与后退

色彩的前进与后退是一个视觉进深的概念。在我们生活中常常可以体验到由于色彩的不同而造成的空间远近感的不同，感觉比实际空间距离近的色彩称之为前进色，反之，称为后退色。一般认为，长波长的颜色比短波长的颜色具有前进性；从色相的角度看，一般认为黄、红等暖色属于前进色，蓝、绿等冷色是后退色；从明度上看，明亮的颜色看起来比深沉的颜色显得距离近一些。

（3）色彩的感觉——扩张与收缩

色彩的扩张与收缩与视觉感性面积有关。同等色彩面积的条件下，看起来比实际面积更大的色叫扩张色，反之，称为收缩色。一般前进色是扩张色，后退色是收缩色。

色彩的扩张与收缩的规律是：同样面积的暖色比冷色看起来面积大；同样大的面积，明亮的色彩比灰暗的色彩显得面积大；在色彩的相对明度上，"底"即背景色的明度越大，"图"色的面积就显得越小。除此以外，生活经验还告诉我们，暖色的明度比冷色的明度要高，所以显得比冷色具有扩张感；在黑暗中高明度色彩的面积看起来往往比实际面积要大，这是由于光的渗透作用造成的。

（二）空间设计中的色彩运用

空间设计应满足现代人的审美需求，使空间具有亲和力和人情味，而色彩设计正是达到这一要求的有力手段。色彩设计涉及业主爱好、文化传统、周围环境、设计师个性等诸多因素，很难有统一的答案，但在通常情况下，色彩设计应该注意以下规律。

一般情况下，空间中的色彩可以分为三部分：首先是背景色彩，通常指内部空间中固定的顶棚、墙壁、门窗和地板等大面积的色彩，或指室外空间中的地面、侧面等大面积的色彩。根据面积原理，这部分色彩适于采用彩度较弱的沉静的颜色，使其充分发挥背景色彩的基调作用和烘托作用。

其次是主体色彩，指的是内部空间中的家具和陈设等中等面积的色彩，或外部空间中的街具、小品等，它们是表现主要色彩效果的载体，在整个色彩设计中的地位极为重要。

最后是强调色彩，指的是最易发生变化的陈设、小品中的小面积色彩，这部分色彩处理可根据性格爱好和环境需要进行考虑，以起到画龙点睛的作用。

当然，设计师还应关心各种色彩的和谐，使各种色彩的搭配趋于合理，达到协调统一的效果。此外，在具体的色彩设计中还应注意以下几点。

1. 色彩对光线的影响

各种颜色都有不同的反射率，所以色彩在某种程度上可以对光线的强弱进行调节。实验显示，色彩的反射率主要取决于明度。在理论上，白的反射率为100%、黑的反射率为0%。但实际上，白色的反射率在92.3%～64%，灰色的反射率在64%～10%之间，黑色的反射率在10%以下。

一般情况下，可以根据不同空间对光线的要求，选用一些反射率较高或者较低的色彩对光线亮度进行调节。光线强的空间，可以选用反射率较低的色彩，以平衡强烈光线对视觉和心理造成的刺激，相反，光线太暗的空间，则可采用反射率较高的色彩，使光线效果获得适当的改善。表5-1-3即为公共建筑内部空间的合理反射率。

公共室内合理反射率表 表5-1-3

部　　位	明　度　（N）	反　射　率　（%）
顶　棚	9 以上	78.66 以上
墙　壁	8 ~ 9	69.10 ~ 78.66
壁　腰	5 ~ 7	19.77 ~ 43.06
地　板	4 ~ 6	12.00 ~ 30.05

资料来源：王建柱编著，室内设计学，台北：艺风堂出版社，1986.

2. 色彩与气候的关系

色彩本身没有温度，但却可以用色彩调节人们的心理感受。在长年阳光难以光顾的空间内，选用暖色系的色彩会使人感觉温暖一点；在阳光很强的空间内，可以把色彩设计成冷色调，使之产生凉爽、清新的感觉。

3. 色彩对空间的影响

恰当而巧妙的色彩设计，可以调节人们对空间的感受。

（1）色彩明度对空间的影响

如果空间比较狭窄、拥挤，或者采光不理想，可以采用具有后退感和明度相对高的色彩来处理界面，使空间获得较为宽敞和明亮的效果。反之，如果空间过于宽敞、松散，就可以采用有前进感的色彩来处理界面，使空间变得亲切而紧凑。

（2）色彩纯度对空间的影响

如果空间较为宽大时，内部的物品可采用具有前进感、纯度较高的色彩，使空间产生充实的感觉；如果空间较为拥挤、狭窄时，则内部的物品可采用具有后退感、纯度较低的色彩，使空间产生宽敞的感觉。

如果室内空间过高，天花板可采用略重的下沉感的色彩，地板可采用较轻的上浮性色彩，使室内的空间高度得到适当的调整；相反，如果室内空间太低，顶棚则须采用较轻的上浮性色彩，地板则可采用略重的下沉感的色彩，使室内空间产生抬高的感觉。

（3）色彩色调对空间的影响

明亮的色调使空间具有开敞、空旷的感觉，使人的心情开朗；暗色调会使空间显得紧凑、神秘。明亮并且鲜艳的色调能使环境显得活泼，富有动感；冷灰较暗的色调会使空间气氛显得严肃、神圣。

此外，纯度低的浅色调会显得很休闲，因为，浅浅的低纯度的色彩不会过分地刺激人们的视觉，从而在心理上引起强烈的反映，在这样的环境中活动起来会使人感到很放松。

三、材质

这里的"材"是指材料，"质"是指质感，而且主要涉及的是感觉领域，是人对材料的一种基本感觉，是人在视觉、触觉和感知心理的共同作用下，对材料所产生的一种主观感受。

（一）质感的特性

质感与材料相辅相成，常见材料的质感有以下特性。

1. 粗糙和光滑

表面粗糙的材料，如石材、混凝土、未加工的原木、粗砖、磨砂玻璃、长毛织物等；光滑的材料，如玻璃、抛光金属、釉面陶瓷、丝绸、有机玻璃等等。

2. 软与硬

纤维织物、棉麻等都有柔软的触感，如纯羊毛织物虽然可以织成光滑或粗糙的质地，但摸上去都是令人愉悦的；硬的材料，如砖石、金属、玻璃等，其耐用耐磨、不变形、线条挺拔，硬质材料多数有很好的光洁度与光泽。

3. 冷与暖

质感的冷暖表现在人身体的触觉和视觉感受上。一般来说，人的皮肤直接接触之处都要求尽量选用柔软和温暖的材质；而在视觉上的冷暖则主要取决于色彩的不同，即采用冷色系或暖色系。选用材料时应同时考虑以上两方面的因素。

4. 光泽与透明度

通过加工可使材料具有很好的光泽，如抛光金属、玻璃、磨光花岗石、釉面砖等等。通过镜面般光滑表面的反射，可使室内空间感扩大，同时映射出光怪陆离的环境色彩。光泽表面还会易于清洁。

常见的透明、半透明材料有玻璃、有机玻璃、织物等等。利用透明材料可以增加空间的广度和深度，同时，透明材料具有轻盈感。

5. 弹性

因为弹性的反作用，人们走在草地上要比走在混凝土路面上舒适，从而感到省力，达到休息的目的。常用弹性材料有泡沫塑料、泡沫橡胶，而竹、藤、木材（特别是软木）也有一定的弹性。

6. 肌理

材料表面的组织构造所产生的视觉效果就是肌理。材料的肌理有自然纹理和工艺肌理（材料的加工过程所产生的肌理）两类。肌理的巧妙运用可以丰富装饰效果，但肌理纹样过多或过分突出时，也会造成视觉上的混乱，这时应辅以均质材料作为背景。

（二）质感与心理

选择材料是空间设计中的一项重要工作。选择材料有很多需要考虑的因素。如材料的强度、耐久性、安全性、质感、观赏距离等，但是如何根据人的心理感受选择材料亦是其中的重要内容。

国外有些学者曾进行过有关材料和人类密切程度的专题研究。在大量调查统计的基础上，得出了材料与人类密切程度的次序：棉、木、竹——土、陶器、瓷器——石材、铁、玻璃、水泥——塑料制品、石油产品……。

专家们认为：棉、木、竹本身就是生物材料，它们与人体有着相似的生物特征，因而与人的关系最贴近、最密切；人与土亦存在着很大的关系，人的食物来源于土，人的最后归宿亦离不开土，因此，土包括土经火烧之后制成的陶器、瓷器与人的关系亦很密切；石材也具有奇异的魔力，可以被认为是由地球这个巨大的窑所烧成的瓷器，与人的关系也较密切。而铁、玻璃、水泥等与人肌肤密切相关的东西并不多，至于塑料制品和石油产品则与人肌肤的关系更为疏远，具有一定的生疏感。以上对材料与人的心理影响的研究，对于选择材料具有重要的参考意义。

材料的心理作用还表现在它的美学价值上。一般而言，人工材料会给人以冷峻感、理性感和现代感，而天然材料则易于给人以多种多样的心理感受。例如木材，天然形成的花纹如烟云流水、美妙无比，柔和的色彩典雅悦目，细腻的质感又倍感亲切。当人们面对这些奇特的木纹时，能体会到万物生长的旺盛生命力，能联想到年复一年，光阴如箭，也能联想到人生的经历和奋斗……。又如当面对花纹奇特的大理石时，也许浮现在眼前的是风平浪静、水面如镜的湖面，也许是朔风怒号、惊涛骇浪的沧海，也许是绵延不断、万壑争流的群山，也许是鱼儿嬉戏、闲然悠静的田园风光……。总之，这里没有文字、没有讲解，也没有说教，只有材料留给人们意味无穷的领悟和想象，真所谓："象外之象、景外之景"，"不着一字，尽得风流"。

（三）质感与距离

质感不但与人的心理活动有关，而且与人的观看距离具有很大的关系。细腻的质感往往只有在近距离时才能感受到，比较粗犷的质感则可以在较远的距离感受到。为此，日本著名建筑师芦原义信提出了"第一次质感"和"第二次质感"的概念。

按照芦原义信的观点，设计师在设计时，应该充分考虑质感与距离的关系，"第一次质感"是考虑人们近距离感受的质感，"第二次质感"则是考虑人们在较远距离感受的质感。以花岗岩墙面为例，花岗岩的质感只有在近距离观看时才能体会到，因而是第一次质感；而花岗岩墙面上大的分格线条，则在远距离就可以观看到，属于第二次质感。所以，设计师在设计时，必须充分考虑材料与观看距离的关系，否则很难达到预想的效果。图5-1-10表示第一次质感和第二次质感的关系。

总之，质感只有通过长期的观察、触摸和感受，才能逐渐积累起对材料感知的直接经验，从而在设计中取得理想的效果。

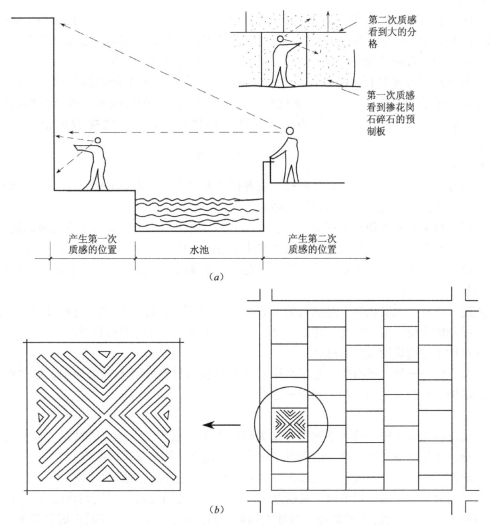

图 5-1-10　质感与距离

（a）第一次质感与第二次质感图解示意；（b）不同距离质感举例

（四）常用硬质材料

硬质材料的种类很多，常用的硬质装饰材料有木、竹、金属、石材、混凝土、玻璃、陶瓷等。

1. 木

木材的历史悠久，其材质轻、强度高，有较好的弹性和韧性，耐冲击和振动；易于加工和表面涂饰，对电、热和声音有高度的绝缘性。木材美丽的自然纹理、柔和温暖的视觉和触觉效果具有它材料无法替代的美感。

空间设计中所用的木材可分为天然木材和人造板材两大类。天然木材是指由天然木料加工而成的板材、条材、线材以及其他各种型材；人造板材则有胶合板、刨花板、细木工板、纤维板、防火板、微薄木贴皮等，在内部空间设计中应用十分广泛。

2. 竹

竹的生长比树木快得多，仅三、五年时间便可加工应用，故很早就广泛运用于制作家具及民间装修中。竹受生长的影响，易带来某些缺陷，如虫蛀、腐朽、吸水、开裂、易燃和弯曲等，因此必须经过防霉蛀、防裂以及表面处理后才能作为装饰材料使用。

竹的可用部分是竹杆，竹杆外观为圆柱形，中空有节，两节间的部分称为节间。节间的距离一般在竹杆中部比较长，靠近地面的基部或近梢端的比较短。竹杆有很高的力学强度，抗拉、抗压能力较木材为优，且富有韧性和弹性，抗弯能力也很强，但缺乏刚性。

3. 石材

石材分为天然石材与人造石材两种。前者指从天然岩体中开采出来经加工成块状或板状的材料，后者是以前者石渣为骨料而经人工制成的板材。

天然石材主要有大理石和花岗石。前者由于不耐腐蚀和风化，多用于室内饰面材。后者硬度大、耐磨、耐压、耐火及耐大气中的化学侵蚀，故可用于内外空间设计。

饰面石材的装饰性能主要是通过色彩、花纹、光泽以及质地肌理等反映出来，同时还要考虑其可加工性。

人造大理石、人造花岗石是以石粉与粒径 3mm 左右的石渣为主要骨料，以树脂为胶结剂，经浇铸成型、锯开磨光、切割成材。其色泽及纹理可模仿天然石材，但抗污力、耐久性及可加工性均优于天然石材。

水磨石也是一种人造石材，它用水泥（或其他胶结材料）和石渣为原料，经过搅拌、成型、养护、研磨等主要工序，制成一定的形状。

4. 金属

金属材料在应用中分结构承重材与饰面材两大类。色泽突出是金属材料的最大特点。钢、不锈钢及铝材具有现代感，而铜材比较华丽、优雅，铁则显古拙厚重。

普通钢材：强度、硬度与韧性最优良的一种材料，主要用作结构材料；

不锈钢材：为不易生锈的钢，其耐腐蚀性强，表面光洁度高。不锈钢饰面处理有光面板（或称不锈钢镜面板）、丝面板、腐蚀雕刻板、凹凸板、半珠形板或弧形板等多种；

铝材：属于有色金属中的轻金属，加入镁、铜、锰、锌、硅等元素后组成铝合金，机械性能明显提高。铝合金可制成平板、波形板或压型板，也可压制成各种断面的型材；

铜材：历史悠久，应用广泛。表面光滑，光泽中等，经磨光处理后表面可制成亮度很高的镜面铜。常被用于制作铜装饰件、铜浮雕、铜条、铜栏杆及五金配件等。因时间及环境条件，铜构件易产生绿锈，故应注意保养；

铁材：经常使用的有铸铁构件，用于栏杆、栅栏等处。

5. 混凝土

混凝土是由胶凝材料将粗、细骨料胶结而成的固体材料。混凝土中加了钢筋之后称为钢筋混凝土，能够承受较大的荷载。混凝土具有很好的塑性、抗压性能，而且价格低，施工方便。

在空间设计中，混凝土（或钢筋混凝土）的使用非常广泛，它除了具有结构受力作用之外，还有装饰空间的作用。采用特殊设计的模版浇筑而成的混凝土，或者表面经过处理后的混凝土，其表面往往会形成非常粗犷的效果。

6. 玻璃

随着技术进步，玻璃已由过去单纯作为采光材料，向控制光线、调节热量、节约能源、控制噪音以及降低结构自重、改善环境等方向发展，同时借助于着色、磨光、刻花等办法提高了装饰效果。

玻璃的品种很多，可分为以功能性为主的玻璃和以装饰性为主的玻璃两大类。功能性玻璃主要包括：平板玻璃、夹丝玻璃、中空玻璃、吸热玻璃、热反射玻璃等；装饰性玻璃主要包括：磨砂玻璃、花纹玻璃、彩色玻璃、彩绘玻璃、玻璃空心砖等等。

7. 陶瓷产品

用于空间设计的陶瓷产品主要有：釉面砖、墙地砖、陶瓷锦砖（马赛克）等。陶瓷产品分为室内用材和室外用材两类，相对而言室外用材的质量和要求更高些。

陶瓷产品一般均有比较丰富的色彩，具有耐火、防水、耐磨、易清洁等特点，既可较大面积使用，也可拼成图案而作为装饰使用。

（五）常用软质材料

常用的软质材料主要指用于内部空间的织物，织物柔软、易于变形，具有很强的功能性、装饰性和灵活性，同时也非常容易表达特定的地域特色和民族特点。

根据功能，室内织物可以分为实用性织物和装饰性织物两大类。实用性织物主要包括：窗帘、床罩、枕巾、帷幔、靠垫、地毯、沙发罩、台布……；装饰性织物主要包括：挂毯、壁挂、软雕塑、旗帜、吊伞、织物玩具……（图5-1-11）。各种装饰织物的内容、功能及特点详见表5-1-4。

随着科学技术的发展，新型材料种类越来越多，它们在性能、质感、装饰效果等方面比以往有了明显改进，表现出从单功能到多功能、从现场制作到成品安装、从低级到高级的发展趋势。材料的这种发展趋势为空间设计提供了有利的条件。作为一名设计师，只有熟悉不同种类材料的特性，深入挖掘各种材料的质感和特有表情，处理好材质与其他空间元素的关系，才能使设计达到尽善尽美的境地。

墙面贴饰织物

地面铺设织物

家具蒙面织物

帷幔挂饰织物

床上用品织物

卫生盥洗织物

餐厨杂饰织物

其他装饰织物

图 5-1-11　常用室内织物示意图

各种装饰织物的内容、功能及特点 表 5-1-4

类　别	内容、功能、特点
地毯	地毯给人们提供了一个富有弹性、防潮、减少噪音的地面，并可创造象征性的空间。
窗帘	窗帘按材质分为纱帘、绸帘、呢帘三种。按布置方式分为：平拉式、垂幔式、挽结式、波浪式、半悬式等多种。它的功能是调节光线、温度、声音和视线，同时具有很强的装饰性。
家具蒙面织物	包括布、灯芯绒、织锦、针织物和呢料等。功能特点是厚实、有弹性、坚韧、耐拉、耐磨、触感好、肌理变化多等。
陈设覆盖织物	包括台布、床罩、沙发套（巾）、茶垫等室内陈设品的覆盖织物。其主要功能是防磨损、防油污、防灰尘，同时具有空间点缀的作用。
靠垫	包括坐具、卧具（沙发、椅、凳、床等）上的附设品。可以用来调节人体的坐卧姿势，使人体与家具的接触更为贴切，同时其艺术效果也不容忽视。
壁挂	包括壁毯、吊毯（吊织物）。其设置根据空间的需要，有助于活跃空间气氛，有很好的装饰效果。
其它织物	天棚织物、壁织物、织物屏风、织物灯罩、布玩具；织物插花、吊盆、工具袋及信插等。在室内环境中除具有实用价值外，还有很好的装饰效果

资料来源：陈易、陈永昌、辛艺峰主编，室内设计原理，北京：中国建筑工业出版社，2006

四、光线

光是人类生活中不可缺少的重要元素，除了满足视觉、健康、安全等方面的需要外，它还对人的心理和情绪产生显著的影响。光环境设计是一门非常专业的学问，需要经过专门的训练才能成为合格的光环境设计师，这里仅就室内外空间的光环境设计作一简要介绍。

（一）光环境的设计要求

光环境设计应满足人、经济及环境气氛等三方面的要求，具体而言涉及以下内容。

人的需求：包括可见度、工作面性能、视觉舒适度、社交信息、情绪及气氛、健康与安全等方面的需求；

经济要求：包括安装、维护、运行、能源、环保等各方面的要求；

气氛要求：包括空间形式、空间风格、照明气氛等多方面的要求。

要满足上述各方面的要求，必然涉及到光环境设计中的照明器具数量和质量问题。通常对于一个空间来说，照明（采光）数量的计算和控制较易实现，而真正具有挑战性的是对于特定空间照明质量及设计创意的把握，这才是决定该空间照明效果好坏的关键所在。

（二）光线的种类和艺术运用原则

准确把握光线的种类和艺术运用原则对于营造良好的空间光环境具有相当重要的作用。

1. 光线的种类

光线包括天然光和人工光，要正确地运用它们，必须了解它们的特点。

（1）天然光

天然光是最受人们欢迎的光线。其原因有以下三方面。

首先，天然光清洁无污染，减少了因人工照明带来的多余热量而产生的空调制冷费用，节约能源；

其次，天然光可以形成比人工照明系统更健康和更积极的工作环境，而且比任何人工光源都能最真实地反映出物体的固有色彩，比人工光具有更高的视觉功效；

此外，天然光丰富的变化有利于表现空间的变化。直射阳光为空间环境创造出丰富的光影变化；柔和的天空漫射光能细腻地表现出空间各部分的细节和质感变化；不同地区、不同季节、每天不同的时段，光线的色温、强度、入射角度、漫射光与直射光的比例都在变化着，光线——空气——色彩的组合变幻使被照射的物体呈现出鲜明的时空感。

（2）人工光

与天然光相比，尽管人工光存在着种种不足，但在满足不同光环境要求，以及在光源和灯具品种的多样性、场景设计的多变性、布光的灵活性、投光的精确性等方面又有着不可替代的优势。在夜晚，人工光是提供光线的主要选择，同时在文物和艺术品照明方面，特殊的人工光源也具有独特的作用。

（3）天然光与人工光的结合

注重天然光与人工光的结合是今后光环境设计的发展方向，也是体现可持续发展理念的重要措施之一。

天然光的利用可分为被动式和主动式两类。被动式采光法是直接利用天然光，就建筑物而言，天然采光可分为侧窗采光和天窗采光两大类。主动式采光法则是利用集光、传光和散光等设备与配套的控制系统将天然光传送到需要照明部位的采光法。这种方法由人控制，人处于主动地位，故称为主动式采光法。

通过这些方式，可将直射阳光转换成内部视觉环境所需要的漫射光，同时，其效率较被动式更高。在整个系统中，当天然光不足时，就可以通过人工智能系统，部分开启人工照明，以补充天然光，夜间则全部启用人工照明。

2. 光线的艺术运用

光环境设计涉及诸多技术性很强的内容，如照度计算、亮度计算、亮度对比计算等等，这些内容可以参阅相关的专业书籍。

就光线的艺术运用而言，除了应充分了解各种光源、灯具的特性外，还应对被照明空间的性质、设计风格、环境要求、被照对象特点等进行深入了解，巧妙安排照明场景，选用合适的灯具和光源。照明设计构思、设计手法、照明器具都应与空间设计的风格相协调。通过对光的艺术化运用，充分利用光的表现力，达到强化设计主题的目的。

下面从三个比较重要的方面介绍光线艺术运用的要点，即：合理安排各空间的亮度分布；利用光线形成的阴影来强化或淡化被照对象的立体感和正确运用光色渲染光坏境气氛。

（1）空间的亮度分布

对任何空间进行照明设计时，首先应对其进行照明区域划分，然后按其使用要求确定各区域的相对亮度，最后再决定各区域具体的照明方案。主要的照明区域涉及以下方面。

● 视觉注视中心区：是一个特定光环境中最突出的区域，其照明主体通常是该空间中需引人注目的部分，如广场上富有特色的雕塑、大厅中富有特设的陈设等。由于人们习惯于将目光投向明亮的表面，因此，提高这些照明主体表面的亮度，使之高于周边区域物体的亮度，可将人们的目光自然地引向欲重点突出的照明主体。一般来说，该区域与周边区域的亮度对比越大，被重点照明的主体越突出。

● 活动区：是人们休闲、交流、工作、学习的区域，该区域的照明首先应满足国家相应照明规范中有关照度标准和眩光限制的要求，其次，为了避免过亮而产生的视觉疲劳，该区域与周边区域的亮度对比不宜过大。

● 周围区域：是整个光环境中亮度相对最低的区域。该区域的照明，首先要避免使用过多和过于复杂的灯具，以免对重点区域的照明形成干扰，其次是应避免采用单一和亮度过于均匀的照明方式，以打破单一的照明方式所带来的单调感，消除过于均匀的亮度所带来的视觉疲劳。

（2）阴影与立体感

在空间环境中，大部分物体都是立体的。正确运用光线，使之在物体上形成适当的阴影，是表现物体立体感和表面材质的重要手段。光线的强度、灯具的数量、配光的方式和光线的投射方向等在其中都起着关键性的作用。

首先，光线应达到一定的数量和强度才可能满足基本的照明要求。过暗的光线使物体表面的细节和质感模糊不清，不利于物体立体感的表现；过强的光线从物体的正面进行投射时，就会淡化物体的阴影，削弱物体的立体感。同时，过强的光线会形成浓重的阴影，使物体表面显得粗糙，不利于表现物体表面的质感。

其次，灯具的数量和配光方式对物体立体感的影响亦很大，如处在天然光照明环境中的物体，在晴天有直射阳光和天空漫射光两种光线对其进行照明，直射阳光会使物体形成浓重的阴影，塑造出物体的立体感，而分布均匀的天空漫射光可适当削弱阴影的浓度，细腻地反映出物体表面的质感和微小的起伏，使物体更加丰满和细致。因此，在阳光照耀下的物体立体感强，表面的质感和细部清晰，视觉效果良好。

在人工光环境中，仍需要这两种不同特点的光线，并使其相互协调。也就是说，灯具的数量至少应在两个（组）以上——窄配光的投光灯作为主光源，起着类似天然光中直射阳光的作用；宽配光的泛光灯作为辅助照明，起着类似天然光中天空漫射光的作用。

光线投射方向的变化则可使物体呈现出不同的照明效果。研究发现，对于一个三维物体来说，它的各个面都需要一定的照度，但切忌平均分配，应分清主次，主要受光面的照度应略高于其它几个面，这样可以形成柔和、生动的视觉效果。

（3）色温与光色

正确选择光源的色温和光色也非常重要。低、中、高色温的光源可以分别营造出浪漫温馨、明朗开阔、清爽活泼的光环境气氛，在设计中应该根据空间的性质来进行选择。如，宾馆大堂、住宅客厅等处的光源，应以低色温的暖光（黄光）为主，以产生热烈的迎宾气氛；办公室、车间的照明，应选择中到高色温的光源（白光），有利于提高工作效率。

如果在同一空间中使用了两种以上不同的光源，就应对光源光色的匹配性进行认真的考虑，既可选用色温相近的光色，也可选用色温相异的光色。如果不同色温的光源数量接近，则反差不宜过大，以免产生混乱感，破坏整体气氛。

在有些场合，如橱窗、表演台等处，可根据需要适当运用彩色光源，通过人工智能系统，进行场景变幻，形成动态的照明效果。在利用色光对物体进行投射时，必须注意色光的颜色应与被照物体表面的色彩匹配，避免物体固有色与色光叠加后变得灰暗。

（三）空间设计中的灯具选择

光环境设计必然涉及光源和灯具的问题，对此简介如下。

1. 常用光源

最常用的光源主要包括：白炽灯、荧光灯、高强气体放电灯（HID 灯）。近年来，发光二级管（LED）、激光等新型光源也开始运用在室内外环境中。

（1）白炽灯

白炽灯是将灯丝加热到白炽的温度，因热而辐射出可见光的光源。白炽灯的主要部件为灯丝、支架、泡壳、填充气体和灯头。常见的白炽灯有：普通照明用白炽灯 GLS（General Lighting Service Lamps）、反射型白炽灯、卤钨灯等。

（2）荧光灯

荧光灯是一种利用低压汞蒸汽放电产生的紫外线，照射涂敷在玻管内壁的荧光粉转换成为可见光的低压气体放电光源。与白炽灯相比，荧光灯具有发光效率高、灯管表面亮度及温度低、光色好、品种多、寿命长等优点。荧光灯的主要类型有直管型、紧凑型、环形荧光灯等三大类。

（3）高强气体放电灯（HID 灯）

HID 灯的外观特点是在灯泡内装有一个石英或半透明的陶瓷电弧管，内充有各种化合物。常用的 HID 灯主要有荧光高压汞灯、高压钠灯和金卤灯三种。这三种光源发光原理相同，主要的区别在于电弧管所使用的材料和管内填充的化合物不同。

HID 灯发光原理同荧光灯，只是构造不同，内管的工作气压远高于荧光灯。HID 灯的最大优点是光效高、寿命长，但总体来看，有启动时间长（不能瞬间启动）、不可调光、点灯位置受限制、对电压波动敏感等缺点，因此，多用作一般照明。

（4）其他光源

• 发光二级管（LED）

与其他光源相比，发光二级管（LED）具有省电、超长寿命、体积小、冷光、光响应速度快、工作电压低、抗震耐冲击、光色选择多等诸多优点，被认为是继白炽灯、荧光灯、HID 灯之后的第四代光源。目前我国在城市夜景照明方面已开始大规模地利用 LED 来替代（支架）荧光灯、PAR 灯等一、二代光源，取得良好效果。

LED 用于室外装饰照明已较普遍，在室内照明中，用于标志、指示牌照明及装饰照明的 LED 技术已非常成熟，但作为白炽灯的替代产品用于室内照明其尚处在发展中。

● 光纤

光纤照明是利用全反射原理，通过光纤将光源发生器所发出的光线传送到需照明的部位进行照明的一种新的照明技术。光纤照明的特点，一是装饰性强，可变色、可调光，是动态照明的理想照明设施；二是安全性好，光纤本身不带电、不怕水、不易破损、体积小、柔软、可挠性好；三是光纤所发出的光不含红外/紫外线，无热量；四是维护方便，使用寿命长，由于发光体远离光源发生器，发生器可安装在维修方便的位置，检修起来很方便。

光纤的缺点，一是传光效率较低，光纤表面亮度低，不适合要求高照度的场所，使用时须布置暗背景方可衬托出照明效果；二是价格昂贵影响推广。

● 激光

激光是通过激光器所发出的光束。激光束具有亮度极高、单色性好、方向性好等特点，利用多彩的激光束可组成各种变幻的图案，是一种较理想的动态照明手段。多用于商业建筑的标志照明、橱窗展示照明和大型商业公共空间的表演场中，可有效地渲染环境气氛。

2. 常用灯具

照明科技的发展日新月异，市场上的灯具种类繁多，琳琅满目，每年都有外观新颖、效率更高的各种新型灯具出现在市场上。这里仅介绍一些最常用的灯具。

（1）内部空间中的常用灯具

● 悬挂式灯具

悬挂式灯具多用于为室内空间提供均匀的一般照明，从光通量在灯具上、下半球的分布情况来看，可分为直接型、半直接型、均匀扩散型、半间接型、间接型灯具。

悬挂式灯具的灯罩材料可采用织物、金属、玻璃、有机玻璃、经处理过的特制纸等制成，光源以普通白炽灯、卤钨灯、节能灯为主，在超市、工厂车间等高大空间中，常使用中等功率的高压钠灯或金卤灯。悬挂式灯具的外观尺寸、材质、适配光源、悬挂的高度等差异很大，在选用时，应根据具体情况处理。

● 吸顶式灯具

吸顶灯一般紧贴天棚安装，其作用是为室内场所提供一般照明和局部照明。吸顶式灯具外观有圆形、正方形、三角形、矩形、条形、曲线形等多种几何形状；透光罩有透明、半透明、磨砂罩几种，透光材料可由玻璃、有机玻璃、硬塑料、聚碳酸酯等多种材料制成。

吸顶灯分开敞式和封闭式两大类，开敞式与悬挂式灯具相似，不同之处在于无吊杆，代之以吸盘。封闭式吸顶灯外观简洁，发光罩与灯具吸盘紧扣在一起，密封性能良好，但不利于灯具散热。

● 嵌入式灯具

嵌入式灯具设在天棚内，灯具发光面与天棚平或稍突出于天棚。突出于天棚时可使灯具所发出的部分光线投向天棚，减少灯具发光面与天棚间的亮度对比。嵌入式灯具种类很多，有为各类空间提供一般照明、泛光照明和强调照明的相应灯具。

一般照明使用下照灯（Downlight），常见的有筒灯、开敞反射器筒灯、椭球形反射器筒灯、带棱镜的筒灯、格栅荧光灯具等。

泛光照明（Wall Washing）和强调照明（Accent Lighting）有三种常见的形式：固定在天棚上，光束对准装置设置在灯具内；光束对准装置部分外露；光束对准装置可伸缩，灯具的配光可根据要求由窄到宽。在设计中，强调照明一般应选用窄——中等配光的灯具，而泛光照明则应选用宽配光的泛光灯具。

● 导轨灯具系统

由导轨和灯具两部分组成，导轨通常采用电镀防腐铝材制成，既支撑灯具，又为其提供电源。灯具可在导轨全长的任意位置安装，灯具可水平、垂直转动，导轨灯具系统是有较高灵活度的照明系统。

导轨既可安装在天棚表面，又可埋设在天棚中，还可直接悬挂在天棚下。导轨灯具系统主要用于强调照明和泛光照明，一般不用作室内一般照明。导轨灯具系统使用的灯具以射灯为主，光源以卤钨灯最为普遍，其次是使用小功率的金卤灯和高压钠灯。

● 支架荧光灯具

支架荧光灯具的支架和灯具是一体化的，采用高纯阳极氧化铝、冲压铝或彩色钢板制成，注重灯具反射器效率。支架荧光灯安装方便，维护便捷，不需要特殊工具即可安装。安装方式包括悬挂安装和吸顶安装两种，一些支架荧光灯还配有长度可调的吊杆，因此，低、中等高度的天棚均可安装支架荧光灯具。支架荧光灯具有外观简洁、空间导向性强的特点，适合作为超市、车库、工厂车间、办公室等既需要明亮光环境、又不宜使用复杂灯具场所的一般照明。

● 壁灯、落地灯、台灯

壁灯、落地灯和台灯都是室内局部照明常用的灯具，形式多样。其灯罩材料可由不锈钢、玻璃、有机玻璃、硬塑料、聚碳酸酯、织物等材料制成。

壁灯紧贴墙面安装，灯罩材料有透明、半透明、磨砂罩几种形式。壁灯的装饰性很强，主要为墙面提供一定的垂直面照度。相对而言，对其配光要求不高。壁灯的高度应高于视平线，否则易产生直接眩光，对视线产生干扰。同时，壁灯的亮度不宜超过顶棚主灯具的亮度，否则会在人的脸部形成不自然的阴影。

落地灯用于一定区域内的局部照明，是对一般照明的补充。传统的落地灯罩常用半透明的织物纤维制成，各种光通分布形式都有，但灯罩以上、下开口形式最为普遍，光源以白炽灯为主。新型的落地灯则多采用不锈钢和玻璃组合的形式，光源也不局限于白炽灯。

台灯应用在需精细视觉工作的场所，灯杆及底座材料由塑料、铸铁、不锈钢等制成，灯罩有开口型和封闭型两种，开口型较为普遍，封闭型则以学生用的"护眼灯"最为常见。

（2）外部空间中的常用灯具

由于安装界面、气候条件等的差异，室外灯具与室内灯具有较大的不同，以下加以分别介绍。

● 杆式灯具

杆式灯具种类繁多，功能齐全，是一种最常用的室外灯具。常见的形式如下表（5-1-5）。

高杆照明	中杆照明		低位照明
	道路照明	庭院照明	
高度 15～30m	高度 6～9m	高度 3～6m	高度 1.2m 以下
1. 位于环境的中心位置 2. 设置时应创造中心感,并成为视觉环境的焦点 3. 成本高、安装和维护难度大 4. 要求具有很高的安全性 5. 光源为高功率的高压钠灯或金属卤化物灯	1. 主要设置在路面宽阔的城市干道、行车道两侧, 要求保证路面的亮度。 2. 确保灯具不能有强烈的眩光干扰, 以免影响行车视线要求 3 要求路面照度均匀, 沿道路长度方向连续布置, 发挥道路空间光的引导作用 4. 以高压钠灯为主	1. 常常用于非机动车道, 如步行街、商业街、景观道路、公园、广场、学校、医院、住宅小区等 2. 除保证路面的基本亮度之外, 利用灯具的光影组合, 形成富有韵律的休闲环境。因为其高度较低, 人们易于感觉到它的存在, 所以要根据环境的气氛精心设计灯具的外观造型, 并使其具有良好的安全性和防护性 3. 主要使用高压钠灯、金卤灯或荧光灯	1. 灯具布置较为灵活, 可以成组设计, 也可沿路径线形布置 2. 在靠近树木或花卉、灌木处, 进行重点装饰照明 3. 强调光的艺术效果, 如落在地面上的光斑 4. 主要使用节能灯和卤素灯

户外杆式照明的类型 表 5-1-5

资料来源: 郝洛西, 城市照明设计, 沈阳: 辽宁科学技术出版社, 2005.10.

- 埋地灯具

直接安装在地面上的灯具, 向上发光。埋地灯的光线可以投向侧墙, 也可以投向地面。埋地灯应该注意防水处理, 安装在车行路面上的埋地灯, 表面应该能够承受足够大的压力。埋地灯使用的光源很多, 白炽灯、卤素灯、荧光灯、节能灯、金卤灯、LED 等均可。

- 水下灯

水下灯是一种比较特殊的灯具, 可以分为: 喷泉灯、水面灯、泳池灯等, 其光源有: 白炽灯、卤素灯、汞灯、钠灯和金卤灯等。水下灯的安全性十分重要, 必须予以充分重视。

- 太阳能灯

太阳能灯是一种绿色无污染灯具, 白天以太阳能作为能源, 利用太阳能电池给蓄电池充电, 晚上则使用蓄电池给灯具提供电能。太阳能灯由太阳能电池、蓄电池、保护电器、触发器等组成, 常作为次要道路的路灯使用。

- 壁灯和嵌入式灯具

壁灯和嵌入式灯具一般都安装在侧界面上, 壁灯一般突出于侧界面, 而嵌入式灯具的表面则一般与侧界面齐平。两者的功能也十分相似, 可以为墙面、台阶、坡道等提供照明。

- 投射灯具

投射灯具分为泛光灯具、投光灯具, 它们一般把光线投射到侧界面上, 形成侧界面的光晕变化, 在夜景设计中使用十分广泛, 目前大量建筑物上的泛光照明一般都采用这类灯具。

五、图案

图案是空间设计中的常用元素, 理论上图案可以分布在各个界面, 但在实际生活中, 底界面的图案似乎更为重要, 特别在室外空间中, 底界面是唯一必然存在的界面。

(一) 图案的作用

图案在空间设计中相当重要, 能起到装饰空间、强化主题、突出氛围、增强识别性、提供尺度感、加强空间联系等作用。

1. 装饰作用

图案具有很强的装饰作用，能够起到丰富空间效果、强化主题思想的作用。例如米开朗琪罗设计的罗马市政广场，其广场地面图案十分壮观，丰富了视觉效果，成功地强化和衬托了主题（图 6-2-17、图 6-2-18）。矶崎新在日本筑波科学城中心广场设计中也引用了该地面图案，表达了对历史的怀旧感，反应出后现代设计思潮的影响（图 5-1-12）。

图 5-1-12　矶崎新设计的日本筑波科学城中心广场铺地

2. 限定空间

在底界面上通过图案来限定空间是一种常用的方法，常常在地面中央设计一些图案，以强化这部分空间的重要性，起到了再次限定空间的作用。

3. 增强识别性

特殊设计的图案还有助于加强空间的识别性，使之具有自身的个性。图 5-1-13 中的侧界面上采用了地面铺装材料，别具一格的处理使空间具有较强的识别性和趣味性。

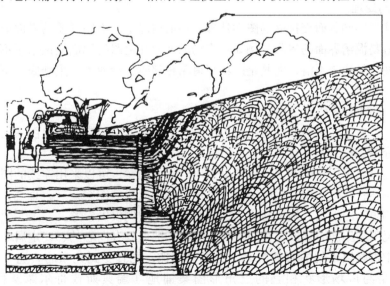

图 5-1-13　图案强化了识别性和趣味性

4. 提供尺度感

在一些大型空间，如大型聚会广场，空间往往非常开阔，相比之下使人感到非常渺小。这时如果能在地面设置一些图案，一方面能丰富界面的变化，同时有助于提供比较近人的尺度。

5. 加强空间联系

通过图案可以将不同空间、不同界面联系起来，构成整体的美感。例如，很多内外空间采用相同的图案铺地，强化室内外空间的相互渗透和相互联系。

（二）图案的设计原则

图案处理原则主要有以下几点。

1. 单元图案的重复使用

采用某一标准图案加以重复使用，这种方法往往可以取得简洁明快的艺术效果。在室外空间的铺地设计中，方格网式的图案是最简单、最常用的方式，施工方便、造价较低，但在面积较大的情况下亦会产生单调感。这时可适当插入其他图案，或用小的重复图案再组织起较大的图案，使铺装图案更加丰富。

2. 整体图案设计

指把整个界面作为一个整体来进行整体性图案设计，有利于统一界面的各个要素，形成整体感较强的艺术效果。如图 6-2-18 中的罗马市政广场铺地、图 2-3-7 和图 2-3-8 中美国新奥尔良意大利广场铺地的同心圆式整体构图，都使广场取得了更为完整的整体效果。

3. 图案的多样化处理

多样而统一是重要的形式美原则，单调的图案难以吸引人们的注意力，过于复杂的图案则会使人的知觉系统负荷过重而停止对其进行观赏。因而界面上的图案应该多样化一些，给人以更大的美感。当然，追求过多的图案变化也是不可取的，有时会使人眼花缭乱而产生视觉疲劳，降低了注意与兴趣。

4. 边缘的处理

要特别注意不同界面交接处的图案处理，一般情况下，不同性质的界面应采用不同的图案，否则容易混淆界面的界限。例如：广场的地面和道路的地面应该采用不同的图案处理，否则会使广场边缘不清，尤其是广场与道路相邻时，会使人产生到底是道路还是广场的混乱感与模糊感。

（三）广场铺地图案

在实践中，图案在底界面的运用最为广泛。室外环境中的广场铺地图案尤其重要，这里加以简要介绍。

广场铺地可以采用规则图案、也可以采用自然的图案；可以采用连续的图案、也可以采用间断的图案；可以采用直线的图案、也可以采用曲线的图案……，总之，各种形式应该根据总体构思，因地制宜地灵活运用，下面举若干实例仅供参考。

一般情况下利用同心圆或方格网构成的图案式铺地具有向心的、安定居中的感受。如果在方格网中再配以不同的有趣图案，则更具情趣，尤其受到儿童的欢迎（图 5-1-14）。图 5-1-15 则是与广场形状相宜的三角形图案铺地（瑞典斯德哥尔摩塞伊尔广场）。图 5-1-16 和图 5-1-17 都是根据广场的功能将生活、自然、艺术融于一体的不同铺地设计，赋予广场以不同的信息和内涵。

(a)

(b)

图5-1-14　铺地图案

图5-1-15　三角形图案的广场铺地

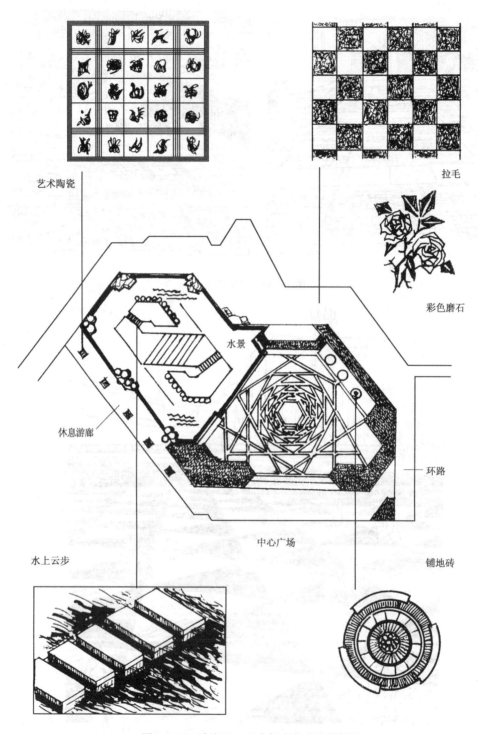

艺术陶瓷

拉毛

彩色磨石

水景

休息游廊

环路

水上云步

中心广场

铺地砖

图 5-1-16　珠海五一三广场变化丰富的铺地

图 5-1-17　富有艺术感染力和趣味性的铺地

六、比例尺度

比例和尺度也是空间设计中的重要内容，是形成良好空间感觉的重要因素，以下予以简要介绍。

（一）比例

比例涉及局部与局部、局部与整体之间的关系。在空间设计中，比例一般是指空间、界面、家具或小品等元素本身各部分尺寸间的关系，或者这些元素之间尺寸上的关系。

要在空间设计中形成良好的比例关系，在很大程度上依赖设计师的素养，然而在实践中也产生了几种利用数学的和几何的方法来确定物体的最佳比例的方法，这种对完美比例的追求已经超越了功能和技术的因素，致力于从视觉角度寻求符合美感的基本尺寸关系，其中人们最熟悉的比例系统就是黄金分割比（图 5-1-18）。黄金分割比是古希腊人建立起来的，定义了一个整体的两个不等部分的特定关系，即：大、小两部分的比率等于大的部分与整体之比。黄金分割比通过数学方法定义了一个比例系统，它在一个构图的各个部分之间建立起一种连贯的视觉关系，是改善构图统一性和协调性的有效工具。

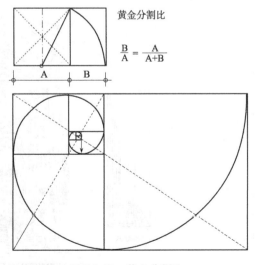

黄金分割比

$$\frac{B}{A} = \frac{A}{A+B}$$

图 5-1-18　黄金分割比

比例问题是设计中的一个重要问题。当在某个空间里察觉到组成要素或特征的关系，如再增一分就太多、减一分又太少时，常常意味着恰当的比例出现了。在空间设计中，往往需要在单个设计部件的各部分之间、几个设计部件之间，以及在众多部件与空间形态或围合物之间反复推敲比例关系，只有这几个方面都产生了协调的比例关系，才能取得最佳的效果。

不同的比例关系，常常会使人产生不同的心理感受。就建筑空间而言，空间的形状就是指长、宽、高三者的比例关系，亦即 X、Y、Z 三个方向的长度之比，一般有 A、B、C 三种情况（图 5-1-19）。对内部空间而言，高而窄的空间（空间 A，即高宽比大）常会使人产生向上的感觉，利用这种感觉，可以使人产生崇高雄伟的艺术感染力，高而直的教堂就是利用这种空间来创造宗教的神秘感（图 5-1-20）；低而宽的空间（空间 C，即高宽比小）常会使人产生侧向广延的感觉，利用这种感觉可以形成一种开阔博大的气氛，不少建筑的门厅、大堂常采用这种比例（图 5-1-21）；细而长的空间（空间 B）会使人产生向前的感觉，利用这种空间可以造成一种无限深远的气氛（图 5-1-22）。

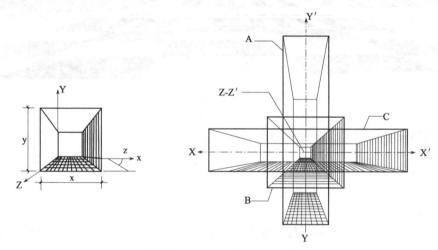

图 5-1-19　空间形状是长、宽、高之比

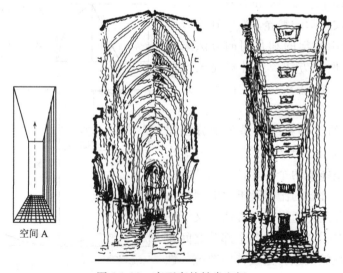

图 5-1-20　高而窄的教堂空间

空间 C

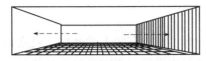

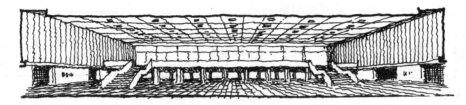

图 5-1-21　低而宽的大厅空间

空间 B
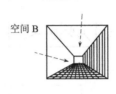

图 5-1-22　具有深远感的长廊和体育馆的休息厅

在外部空间，假设两个实体的高度为 H、间距为 D，则 D 与 H 间的不同比值会使人产生不同的心理反映（见表 5-1-6）。

D 与 H 的比值及其人们的心理感受　　　　　　　　　　　表 5-1-6

D/H	心　理　感　受
<1	内聚的感觉加强，可能导致产生压抑感
1	人有一种既内聚、安定，又不致于压抑的感觉
2	仍能产生一种内聚、向心的空间感受，还不致产生排斥、离散的感觉
3	会产生两实体排斥、空间离散的感觉
>3	空旷、迷失或荒漠的感觉相应增加，进而可能失去空间围合的封闭感

采取哪一种 D 与 H 的比值取决于设计者期望达到怎样的空间效果。由于日常生活中人们总是要求一种内聚的（聚气的）、安定而亲切的环境，所以历史上许多优秀的城市空间的 D 与 H 比值均大体在 1～3 之间。

然而，如果经过巧妙的处理，有些特殊的比例关系亦会产生另一种特殊的效果。如在我国某些古镇的小巷内，D/H 小于 0.5 甚至达到 0.2，但人们在其中漫步并不感到明显的不舒适。其实，这是由动态的综合感觉效应导致的。人们并不是孤立地感觉一条巷道空间，在某些巷道的转变或交汇处，经常有一些扩大的节点空间，使人感到豁然开朗和兴奋。由于整个空间体系具有抑扬、明暗、宽窄的变化，反而使窄狭的街巷空间变得生动有趣、静谧安宁。

（二）尺度

比例与尺度都用于研究物件的相对尺寸，然而两者间也有较大的区别。尺度特指相对于某些已知标准或公认的常量时的物体的大小。我们所说的"视觉尺度"往往是指物体与近旁或四周部件尺寸比较后所作出的判断。视觉尺度中的大物体，就是指与周围物体比较后觉得大的物体。至于经常所说的"人体尺度"就涉及到物体与人体身体大小的感觉，如果空间或空间中各部件的尺寸使我们感到自己很渺小，我们就说它们缺乏人体尺度；反之，如果空间不令人自觉矮小，或者其各部件使我们在取物、清洁及走动时符合人类工效学的要求，我们就说它们合乎人体的尺度（图5-1-23）。大多数情况下，人们往往通过接触和使用已经习惯其尺寸的物体，如门洞、台阶、扶手栏杆、家具等来判断物体是否符合人体尺度。

一般情况下，空间与使用者之间、各部件与使用者之间应该有正常的、合乎规律的尺度关系。当然在特殊情况下，可以对某些空间、某些部件采用异常的尺度，以达到特定的空间效果。

图 5-1-23　人的大小说明环境的尺度

1. 内部空间的尺度处理

对于内部空间而言，面积较小的空间往往容易形成亲切宁静的气氛。一家人围坐在不大的空间内休憩、交谈，可以感到温馨的居家气氛。而面积宏大的空间，则会给人一种宏伟博大的感觉。即使是陈设品，其尺度对于人的心理感受亦很有关系，例如在室内布置尺度较大的植物时，容易形成森林感，布置尺度较小的植物，则易有开敞感；如果在儿童卧室内布置太大的盆栽植物，则很容易对儿童的心理造成不良影响，甚至在夜间还会产生惊吓感。

2. 外部空间的尺度处理

一般而言，外部空间的尺度涉及面广，较难掌握。它通常包含人与实体、人与空间的尺度关系；实体与实体的尺度关系（如建筑与山峦的比例）；空间与实体的尺度关系（如广场大小与周围建筑高度的比例）等等。尺度问题处处存在，甚至一个小小的花坛边缘的大小，给人的感觉舒适与否也很重要。

尺度一方面取决于功能，如一个火车站前的交通广场与居住区内的小广场肯定有不同的尺度要求，另一方面则与距离有直接的关系。日本建筑师芦原义信曾根据其著名的"十分之一"理论，提出在外部空间设计中采用 20～25m 的模数。

芦原义信指出："关于外部空间，实际走走看就很清楚，每 20～25m，或是有重复的节奏感，或是材质有变化，或是地面高差有变化，那么即使在大空间里也可以打破其单调，有时会一下子生动起来。……在一边就有 200～300m 那样的市中心大厦上，若单调的墙面延续很长，街道就容易形成十分非人性的。可每 20～25m 布置一个退后的小庭园，或是改变成橱窗状态，或是从墙面上做出突出物，用各种办法为外部空间带来节奏感。"

大量关于城市空间的亲身体验也证明 20m 左右是一个令人感到舒适亲切的尺度，当然 10m 或小于 10m 会感到更加亲切，但如果再增大距离就有被疏远排斥的感觉。

第二节　多个空间的设计

一般情况下，室内外环境都是由多个空间组成的空间群体，人们需要从空间群体的角度出发才能体会空间艺术的感染力，因此有必要对空间群体的设计进行研究，加以归纳和总结，从而创作出更为动人的作品。

一、多空间的连接与组合

由于使用功能日益复杂，在设计中一般都会涉及到多个空间乃至空间群体的连接与组合问题。空间连接与组合有其自身的规律，这里做一简要介绍。

（一）空间的连接

一般而言，空间之间的连接方式有以下几种：以廊为主的方式、以厅为主的方式、嵌套式方式和以某一大型空间为主体的连接方式。这几种方式既各有特色又经常综合使用，从而形成丰富多彩的空间效果。

1. 廊式连接方式

这种空间连接方式的最大特点在于各使用空间之间可以没有直接的连通关系，而是借走廊或某一专供交通联系用的狭长空间来取得联系。此时使用空间和交通联系空间相应分离，这样既保证了各使用空间的安静和不受干扰，同时通过交通空间又把各使用空间连成一体，保持必要的联系。当然，在具体设计中，交通空间可长可短、可曲可直、可宽可狭、可虚可实，以此取得丰富而有趣的空间变化（图 5-2-1）。

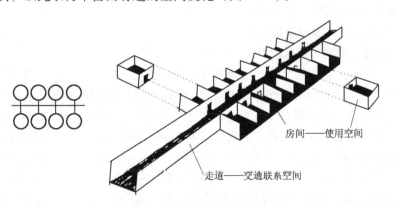

房间——使用空间

走道——交通联系空间

图 5-2-1　以廊为主的连接方式

2. 厅式连接方式

厅是一种极为重要的空间类型，从交通组织而言，它有集散人流、组织交通和联系空间的功能，同时它亦具有观景、休息、表演、提供视觉中心等多种作用。在内部空间布局时，有时亦常常采用以厅为主的连接方式。

这种连接方式一般以厅为中心，各使用空间呈辐射状与厅直接连通。通过厅既可以把人流分散到各使用空间，也可以把各使用空间的人流汇集于此，在这里，厅负担起人流分配和交通联系的作用。人们可以从厅进入任何一个使用空间而不影响其他使用空间，在使用和管理上具有较大灵活性。在具体设计中，厅的尺寸可大可小，形状亦可方可圆，高度可高可低，甚至数量亦可视建筑物的规模大小而不同。在大型建筑中，常可以设置若干个厅来解决空间组织的问题（图5-2-2）。

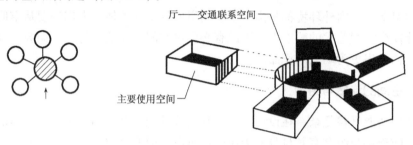

厅——交通联系空间

主要使用空间

图5-2-2　以厅为主的连接方式

在外部空间设计中，也可以通过一个类似于厅的室外空间来连接其他空间，取得厅式连接的效果。

3. 嵌套式连接方式

嵌套式连接方式取消了交通空间与使用空间之间的差别，把各使用空间直接衔接在一起而形成整体，从而取消了专供交通联系用的空间。这种方式在以展示功能为主的空间布局中尤为常见。图5-2-3即是嵌套式连接方式的示意图。图5-2-4为巴塞罗那博览会德国馆的平面，设计师采用几片纵横交错的墙面，把空间分隔成几个部分，但各部分空间之间互相贯穿，隔而不断，彼此之间不存在一条明确的界线，完全融成一体。美国的古根海姆博物馆则是又一范例，一条既作展览又具步行功能的弧形坡道把全馆上下空间连成一体，取得别具一格的空间效果（图5-2-5）。

4. 以一大空间为主体的连接方式

在空间布局中，有时可以采用以某一体量巨大的空间作为主体、其他空间环绕其四周布置的方式。这时主体空间在功能上往往较为重要，在体量上亦比较宏大，主从关系十分明确。旅馆中的中庭、会议中心的报告厅等都可以成为主体空间，而在体育类和观演类建筑中，观众厅就是这样的主体空间。观众厅一般是整个建筑物中最主要的功能所在，且体量巨大，其他各种辅助房间必然和其发生关系，形成以其为主体的空间连接形式（图5-2-6、图5-2-7）。

上述四种常见的空间连接方式在实际工程中经常结合使用。在大部分室内外空间布局中，总是综合使用这几种方式，可能某一部分采用大空间为主体的空间连接方式，某一部分采用廊式联系方式，而某一部分则采用厅式联系方式……。但不论是怎样的空间布局，一切都应该从总体构思出发，从形式美的原则出发，综合考虑功能、环境、美观、经济的要求，灵活运用各种空间连接方式，创造出丰富多彩的空间效果。

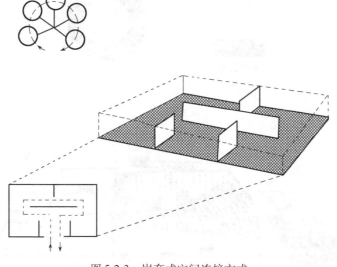

图 5-2-3　嵌套式空间连接方式

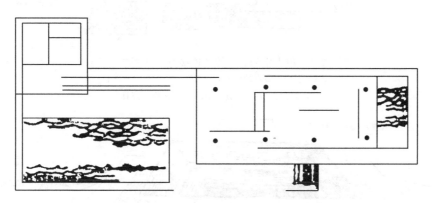

图 5-2-4　巴塞罗那博览会德国馆平面图

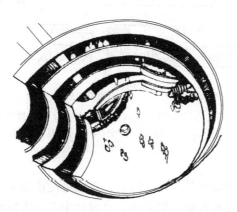

图 5-2-5　美国古根海姆博物馆中庭俯瞰

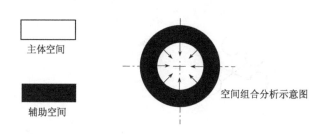

空间组合分析示意图

主体空间

辅助空间

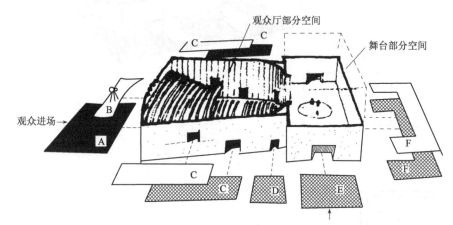

图 5-2-6　以大空间为主体的连接方式（剧院建筑）
（A）门厅；（B）放映；（C）休息厅；（D）厕所；
（E）侧台；（F）演员活动部分（化妆、道具）

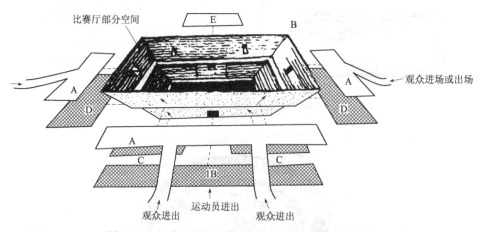

图 5-2-7　以大空间为主体的连接方式（体育场建筑）
（A）门厅、休息厅；（B）运动员活动部分；（C）淋浴；（D）辅助；（E）贵宾

（二）空间的组合

空间组合也是空间群体设计时的重要内容，在满足使用功能的前提下，空间的组合方式对于形成特有的空间气氛有着很大的影响，是设计中必须掌握的内容。

1. 轴线型

通过轴线组织空间是一种很常用，同时也十分有效的空间组织方法，至今仍然在设计中被广泛应用。在运用轴线组织空间时，首先必须对轴线的位置进行仔细推敲，如果轴线构成本身不合理，那么空间的整体效果就会受到影响。轴线型空间组合可以形成规整、对称的空间，也可以通过轴线来引导、组织空间。

（1）通过对称组织空间

对称是求得空间次序的一种最有效的方法，不同历史时期、不同民族地区和不同国家的人，都不约而同地借助于这种方法来安排空间，以期获得完整统一的效果。直到今天，尽管人们有时嫌它过于陈旧、机械和呆板，但仍然常常运用对称的方法组织空间。

我国的传统建筑，特别是宫殿、寺院建筑，其群体布局多按轴线对称的原则，沿一条中轴线把众多的建筑依次排列在这条轴线之上或其左右两侧，由此而产生的空间序列亦沿轴线的纵深方向逐一展开。例如天安门广场就是一个非常典型的例子，通过一条中轴线把整个空间纳入到一个完整、统一和谐的序列之中，效果非常明显（图5-2-8）。另外，很多西方古典园林也都采用轴线对称的方法组织外部空间，形成规整、大气的整体效果（图5-2-9）。

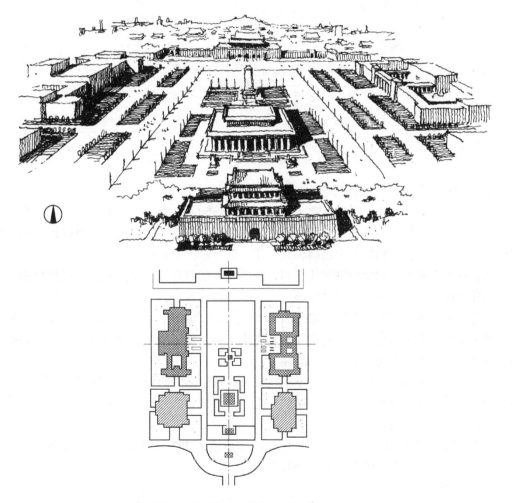

图 5-2-8　通过轴线对称布局的北京天安门广场

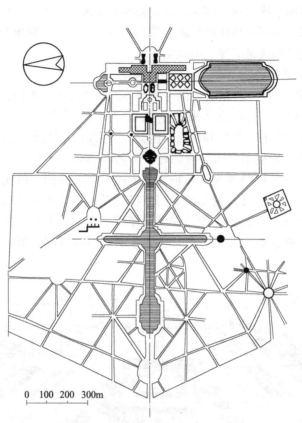

0　100　200　300m

图 5-2-9　通过轴线对称布局的凡尔赛花园

（2）通过轴线的引导或转折组织空间

在很多情况下，或由于功能要求、或因地形条件的限制、或因建筑群的规模过大……，人们发现仅沿一条轴线安排空间会显得单调、缺乏变化。此时，可以运用轴线引导或转折的方法，从主轴线中引出副轴线，使一部分较为主要的空间仍沿主轴线排列；而另一部分较为次要的空间则沿副轴线排列，从而组成空间整体。如果轴线处理得自然、巧妙，同样可以形成起一种良好的秩序感。

当若干条轴线交织在一起时，必须仔细研究轴线之间的关系、轴线与地形之间的关系，使之构成一个主副分明、转折适度和大体均衡的完整体系，否则也难以通过它们把众多的空间结合成为一个完整、统一的整体。

在处理主副轴线时，应当特别注意轴线交叉或转折部位的处理，这些"节点"不仅关系复杂，同时也是气氛或空间序列转换的标志，若不精心处理，就可能有损于整体的统一性，给人以紊乱的感受。

图 5-2-10 和图 5-2-11 所显示的一些实例，均是结合功能、地形特点，巧妙运用轴线的转折、引导从而建立起适应需要的秩序和变化。

2. 中心型

在儿童游戏中，如果有几个孩子携手围成一个圆圈，那么他们之间就会由于互相吸引而产生向心、收敛和内聚的感觉，并由此而结成一个整体。在空间群体组合中，如果

150

使各个空间环绕着某个中心来布置，那么这些空间也会由此而显现出一种秩序感和互相吸引的关系，从而结成有机统一的整体。古今中外的许多优秀实例就是通过这种方法而实现的。

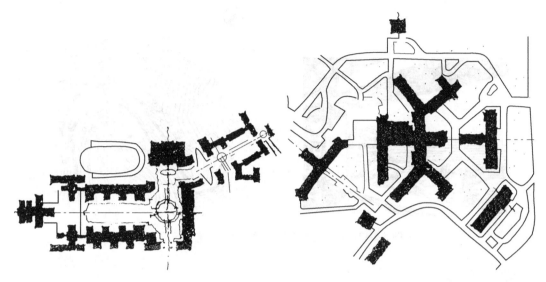

图 5-2-10　某高校建筑群体组合示意　　　　图 5-2-11　武汉某医院建筑群体组合示意

著名的巴黎星形广场以凯旋门为中心，十二幢建筑围绕着广场周边布置，并形成圆形空间。这种布局不仅显而易见地构成为一幅完整统一的图案，而且以凯旋门为中心，犹如一块巨大的磁铁，把所有的建筑和周边的空间紧紧地吸引在自己的周围，形成一个完整的统一整体（图 5-1-5）。

我国传统的四合院，虽然只不过三、四幢建筑，但却以内院为中心，使所有的建筑都面向内院布置，因而相互之间具有一种吸引力，成为一个完整的整体（图 2-1-23）。

3. 自由型

自由型空间布局是一种富有变化、比较活泼的空间组合方式，特别适合于功能比较复杂、难以采用规则型布局的空间群体。

（1）与地形及周边环境呼应

在自由型空间群体组合中，注重空间群体与地形的结合是获得秩序感的重要途径。从广义的角度来看，凡是互相制约着的因素，都必然具有某种条理性和秩序感，真正做到与地形的结合——也就是把空间群体置于地形、环境的制约关系之中，这样就可以使设计摆脱偶然性而呈现出某种条理性或秩序感。

地形及其周围的自然环境是自然属性的一种反映，如果能够顺应地形的变化而随高就低地布置建筑群，就会使空间群体与地形之间发生某种内在的联系，从而使之与环境融为一体。反之，如果此时仍然采用方方正正或完全对称等布局形式，反而会破坏自然环境，使人感到格格不入。图 5-2-12 是意大利一公共住宅建筑群，位于 U 形山谷的南坡，按住宅功能特点和地形条件，建筑平面呈细长的带形，并顺着等高线作自由弯曲和转折，达到与地形的和谐统一。图 5-2-13 为著名的杭州西泠印社水庭。西泠印社位于西湖小孤山，围绕天然泉池所建的石室、亭、阁、经塔等均采用自由式布局，手法典雅。

沿池岸石壁有碑刻、雕像，而面向西湖的四照阁又可远眺妩媚的湖光山色。再如图5-2-14显示的陕西司马迁祠，整个建筑群体根据地形，有序而自由地布置在山巅，突出了庄重自然的气氛。

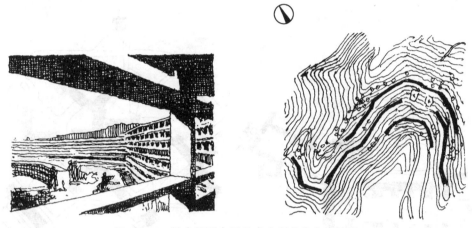

图 5-2-12 结合地形布置的意大利某住宅建筑群

图 5-2-13 杭州西泠印社水庭平面及外景

图 5-2-14　陕西韩城司马迁祠外景及总平面图

（2）以共同的母题求得统一

在群体组合中，如果各单体空间在体形上都包含有某种共同的特点，那么，这种特点就象一列数字中的公约数那样，有助于在这列数中建立起一种和谐的秩序。这种共同的特点愈明显、愈突出，各空间之间相互的共同性就愈强烈，这种共同的特点可称之为"母题"。图 5-2-15 介绍的是国外某公共建筑群的总体布置。该建筑群共有 10 幢高层建筑组成，虽然它们有长短、高低的变化，但 10 幢建筑平面均呈弯曲状，这一相同母题使整个建筑群取得了和谐统一的效果。

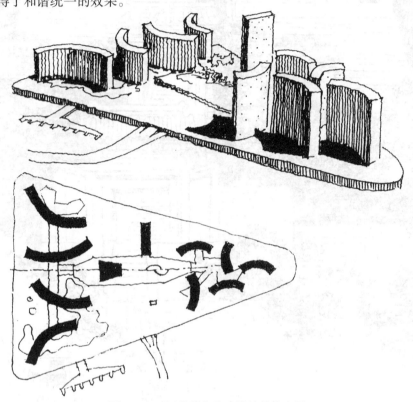

图 5-2-15　国外某公共建筑的总体布置

再如图 5-2-16 是东京日本国家体育馆（代代木体育馆），主要由两幢建筑物组成。这两者尽管大小、形状各不相同，但由于屋顶都采用了较为奇特的悬索结构，特别是在外形色彩、质感的处理上都明显地具有共同的特点，在两者之间形成了一种共同的"母题"，从而构成了完整的空间效果。

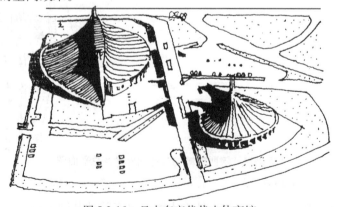

图 5-2-16　日本东京代代木体育馆

4. 视线型

根据视线组织空间也是一种常用的手法。就人的静态视线而言，如果实体的高度为 H，人与实体的距离为 D，在 D 与 H 比值不同的情况下会得到的不同视觉效应，具体如表 5-2-1 和图 5-2-17 所示。

D/H 及其视觉效应 表 5-2-1

D/H	垂直视角	视 觉 效 果
1	45°	一般可以看清实体的细部
2	27°	观看者可以看清实体的整体
3	18°	观看者可以看清实体的整体及其背景

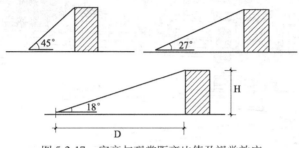

图 5-2-17　实高与观赏距离比值及视觉效应

在空间组织中，除了要考虑静态的视线效应之外，更多地需要考虑在动态情况下如何通过视线组织空间，以获取理想的空间效果。在设计实践中，可根据人的视线景观，巧妙组织和安排空间，引导人们大体上沿着某几个方向、经由不同的路线从一个空间走向另一个空间，直至通过整个空间序列。这种空间组织的特点是比较灵活、变化较多，可以在不经意中获得意想不到的效果。四川乐山凌云寺（俗称大佛寺）登山道的空间组织就是一例（图 5-2-18）。山道的转折处地势较宽，亭子即建在此悬崖峭壁顶上。此亭一面为上山山道的对景，另一面又朝向山门与之相呼应，而在亭内又可细赏靠山的大佛像，回头又可眺望青衣江和远处的城镇轮廓，总之路线虽然简单，但空间组织和安排却丰富多彩，视线景观甚佳。

我国古典园林建筑也是这种空间组织的典范。造园家在充分考虑人的视线效果的情况下，通过巧妙的空间组织，使人看到一连串系统的、连续的画面，从而给人留下深刻的印象，达到小中见大、人工中见自然的艺术效果，无怪乎有人把我国古典园林比之为"长卷山水画"，实为恰当。图 5-2-19 为我国著名皇家园林颐和园佛香阁建筑群，它位于万寿山南坡中轴线上，面对浩瀚的昆明湖。在空间组织方面，自入口"云辉玉宇"牌楼，经排云殿、佛香阁直至智慧海，随着路线的移动，视线不断改变，从一个空间转移到另一个空间，象中国画一样组合成一连串动人的画面，给人留下深刻的印象。

即使在一些小型园林设计中，亦常常使用这种动态的空间组织效果。图 5-2-20 是桂林盆景园的庭院建筑。园分东、西二院，西院由入口至山水廊，东院则由曲廊和水榭围绕水池布置。前者以建筑、小院为主，后者是以水石、植物组成开阔的组合空间。观赏对象盆景虽小，但经与各种漏窗、博古架、山石巧妙地组合在一起，使整个盆景园从进园至出园的每块墙面均可视作独立的"画页"，步移景移，构成一幅多彩的盆景长卷。

A点透视：从上山山道看亭子及山门

青衣江

B点透视：从山门下行时看亭子及青衣江

图 5-2-18　凌云寺登山道的空间组织

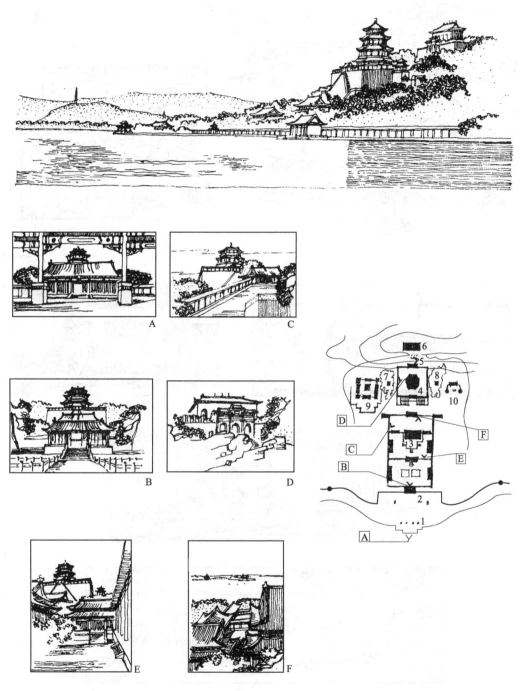

图 5-2-19　颐和园佛香阁建筑群

1—"云辉玉宇"牌楼；2—排云门；3—排云殿；4—佛香阁；
5—"众香界"牌楼；6—智慧海；7—敷华亭；8—撷秀亭；9—五方阁；10—转轮藏

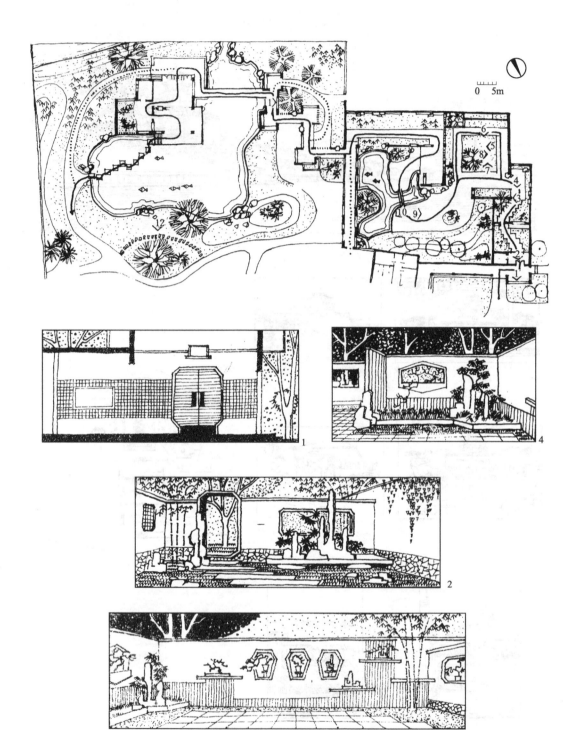

图 5-2-20　桂林盆景园（一）

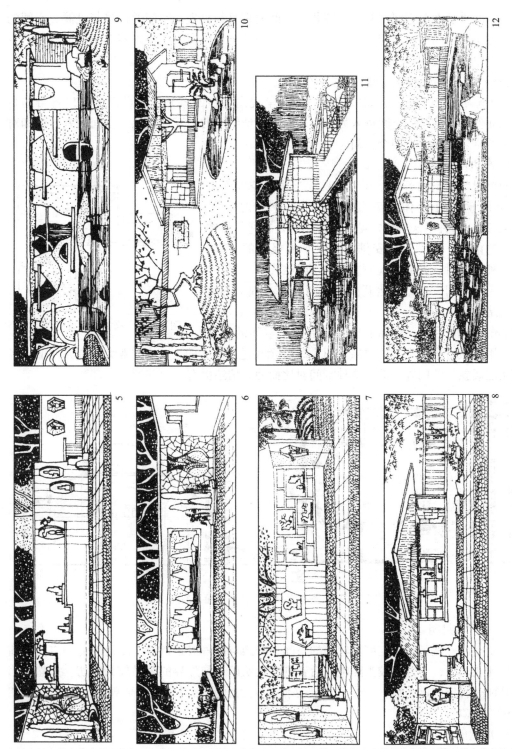

图 5-2-20　桂林盆景园（二）

159

二、多空间的处理

多空间处理涉及空间的对比与变化、空间的重复与再现、空间的衔接与过渡、空间的渗透与层次、空间的引导与暗示、空间的序列与节奏等内容，这些内容对于形成良好的空间效果也具有重要的作用。

（一）空间的对比与变化

两个毗邻的空间，二者如果在某一方面呈现出明显的差异，就可以反衬出各自的特点，从而使人们从这一空间进入另一空间时产生情绪上的突变和快感。空间的差异性和对比作用通常表现在以下四个方面。

1. 高大与低矮

两个毗邻的空间若体量相差悬殊，当由小空间而进入大空间时，可借体量对比使人的精神为之一振（图5-2-21）。这种手法十分常见，最常用的是在通往主体大空间的前部，有意识地安排一个极小或极低的空间，经过这种空间时，人们的视野被极度地压缩，一旦走进高大的主体空间，视野突然开阔，从而引起心理上的突变和情绪上的激动和振奋。我国古典园林建筑所采用的"欲扬先抑"的手法，实际上也就是借大小空间的强烈

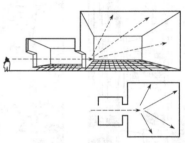

图 5-2-21　高大与低矮的对比

对比作用而获得小中见大的效果。图5-2-22 示在进入高大的圣·索非亚大教堂大厅前先经过一条低矮狭长的门廊，借助这种空间对比而使人情绪振奋。

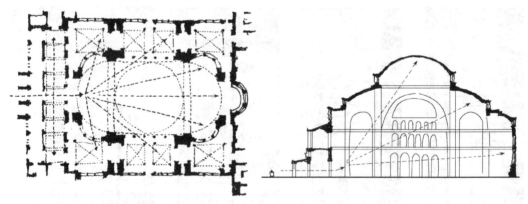

图 5-2-22　圣·索非亚大教堂平面及剖面

2. 开敞与封闭

封闭空间一般是指限定度比较高的空间，开敞空间一般是指限定度比较低的空间。前者一般比较暗淡，与外界较为隔绝，后者则比较明朗，与外界的关系较为密切。显然，当人们从前一种空间进入后一种空间时，必然会因为强烈的对比作用而顿时感到豁然开朗（图5-2-23）。

3. 形状的差异

不同形状的空间之间也会形成对比作用，不过相对于前两种对比方式而言，对于人们

心理上的影响要小一些，但还是可以达到变化和消除单调的目的（图5-2-24）。意大利圣彼得广场就是一典型范例。

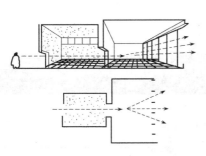
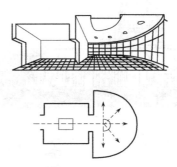

图5-2-23 开敞与封闭的对比   图5-2-24 形状差异的对比

圣彼得广场主要由二个相互连接的单元构成，即：位于教堂正面，平面呈梯形的列塔广场（Piazza Retta）和中间由两个半圆及一个矩形组成的平面近似于椭圆形的博利卡广场（Piazza Obliqua）。列塔广场的梯形图形长边118m，短边92m，高（即：长边与短边之间的距离）121m，面积约1.27ha；博利卡广场的椭圆长轴194m，短轴125m，面积约2.1ha，两个部分合计3.37ha，构成了一个宏大空间。广场与大教堂共同确定了一条东西走向的主轴线，但博利卡广场的长轴线却与之垂直，构成整个空间群体上的方向变化。两个不同形状空间的对比，不但丰富了空间变化，而且大大强化了广场的空间效果，取得了震撼性的效果（图5-2-25）。

4. 方向的不同

即使同一形状的空间方向不同时，亦可产生对比作用，利用这种对比作用也有助于破除单调而求得变化（图5-2-26）。

（二）空间的重复与再现

在一个整体中，对比固然可以打破单调以求得变化，但作为它的对立面——重复与再现可以凭借协调而求得统一，因而亦是空间群体设计中不可缺少的因素。只有把对比与重复这两种手法结合在一起，才能获得好的效果。

同一种形式的空间，如果连续多次或有规律地重复出现，可以形成一种韵律节奏感。高直式教堂中央部分的通廊就是由于不断重复采用同一种形式——由尖拱拱肋结构屋顶所覆盖的长方形平面的空间而获得极其优美的韵律感（图5-2-27）。现代空间设计常常采用同一种形式的空间作为基本单元，并以它作各种形式的排列组合，凭借它的大量重复而形成某种空间效果（图5-2-28、图5-2-29）。

有时重复运用同一种空间形式，且与其他形式的空间互相交替、穿插地组合成为整体（如用廊子连接成整体），当人们在行进过程中，通过回忆感受到这种组合形式空间的重复出现，从而产生一种节奏感，这种现象可以称之，为空间的再现。简言之，空间的再现就是指相同的空间，当其分散于各处或被分隔开来时，人们不能一眼就看出它的重复性，而是通过逐一地展现，进而感受到它的重复性。韶山毛主席纪念馆就是利用相同的空间形状和庭园相结合，重复组合而形成节奏，实现空间的再现（图5-2-30）。再如，1958年国际博览会瑞士馆亦是以六角形的空间与庭园交织而构成空间的再现，具有很强的节奏感（图5-2-31）。

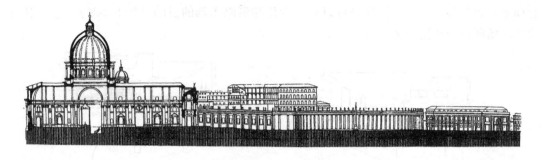

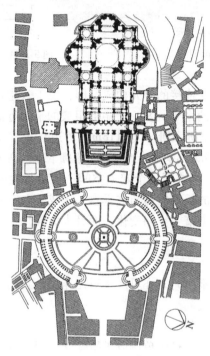

图 5-2-25　意大利圣彼得广场平面及剖面

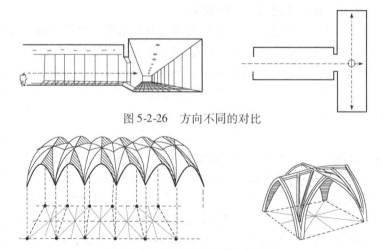

图 5-2-26　方向不同的对比

图 5-2-27　高直式教堂的尖形拱顶

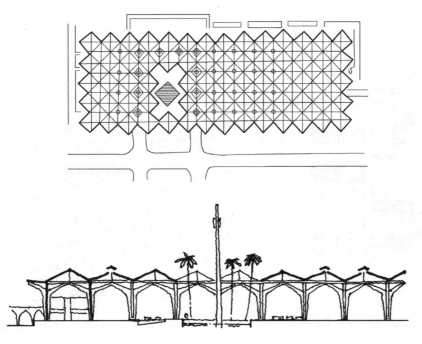

图 5-2-28　伊朗德黑兰航空站

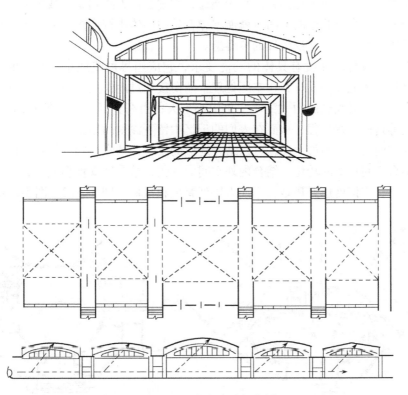

图 5-2-29　北京火车站候车厅

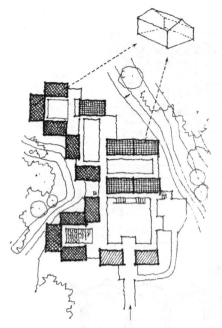

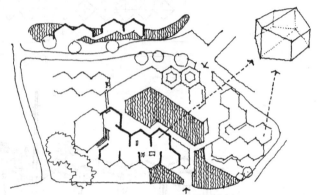

图 5-2-30　韶山毛主席纪念馆　　　　　　　图 5-2-31　1958 年布鲁塞尔国际博览会瑞士馆

（三）空间的衔接与过渡

两个大空间如果以简单化的方法直接连通，常常会使人感到单调或突兀。倘若在两个大空间之间插进一个过渡性的空间，就能够像音乐中的休止符或语言文字中的标点符号一样，使之段落分明并具有抑扬顿挫的节奏感。

过渡性空间本身往往没有具体的功能要求，它应当尽可能地小一些、低一些、暗一些，只有这样，才能充分发挥其在空间处理上的衔接和过渡作用。当人们从一个大空间走到另一个大空间时必须经历由大到小，再由小到大；由高到低，再由低到高；由亮到暗，再由暗到亮等这样一些过程，从而在人们的记忆中留下深刻的印象。

过渡性空间的设置不可生硬，可以结合地形的改变，结合空间的转折，结合空间高度的转化，结合空间功能的转化，结合内外空间的变化，结合辅助性房间、楼梯、厕所等加以设置。总之，应该处理得巧妙，不使人感到繁琐和累赘（图 5-2-32、图 5-2-33）。

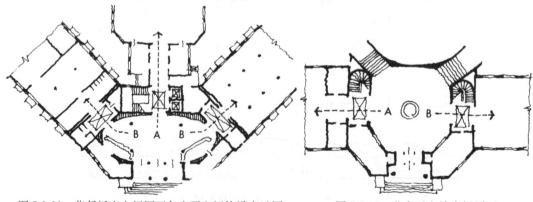

图 5-2-32　华侨饭店由门厅至各主要空间均设有过厅　　　图 5-2-33　北京天文馆由门厅至
展览厅的空间过渡处理

在内外空间交接处尤其应该注意过渡空间的设置。一般在室外进入室内的入口部分应插入过渡性空间，如前厅、门廊等，以此减少进入室内的突然感（图5-2-34、图5-2-35）。

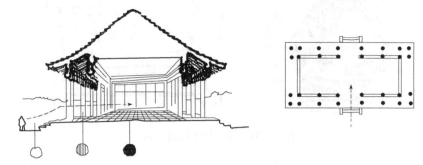

图 5-2-34　传统建筑的围廊衔接了内外空间

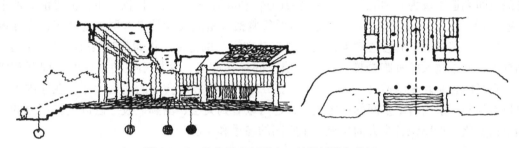

图 5-2-35　北京饭店新楼入口处的门廊和前厅

（四）空间的渗透与层次

两个相邻的空间如果在分隔的时候，不是采用实体的界面把两者完全隔绝，而是有意识地使之互相连通，则可使两个空间彼此渗透，相互因借，从而增强空间的层次感。中国古典园林建筑中"借景"、"漏景"等处理手法就是此类范例。正是由于这种有限的屏障，才使人获得层次丰富的景观。"庭园深深深几许？"的著名诗句描写的就是中国庭园所独具的景观效果。图5-2-36为苏州留园入口部分空间处理，图中从S点可以透过空廊、门、窗看到另外的景物，层次极为丰富。再如图5-2-37为苏州狮子林，通过复廊一侧的6个六角形窗洞，可以见到不同的景色，在行进时尤其能获得时隐时现的效果，十分生动。

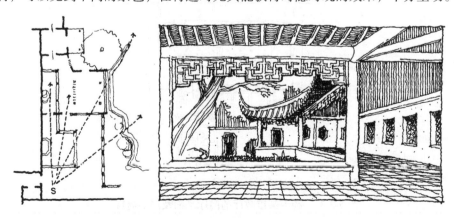

图 5-2-36　苏州留园入口部分

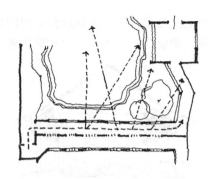

图 5-2-37　苏州狮子林的复廊

由于近现代建筑技术、材料的发展，特别是采用框架结构取代砖石结构以后，为自由分隔空间创造了极为有利的条件，从而为创造空间的渗透和层次提供了更大的可能，所谓"流动空间"正是对这种空间渗透效果的形象概括。密斯设计的巴塞罗那德国馆，穿插的墙体形成了美妙的空间渗透效果，成为"流动空间"的范例。再如荷兰某市政厅门厅的空间处理，通过宽大的直跑楼梯将上下二层空间连接起来，这样不但使横向的空间互相渗透，在竖向也是互相渗透（图5-2-38）。图5-2-39为柏林议会厅的底层大厅。在厅内不但可以看到同一层内若干空间的层次变化，还可以看到夹层、围廊以及二层以上各部分的空间层次变化，可以说各个方向均充满了空间的渗透和层次变化。

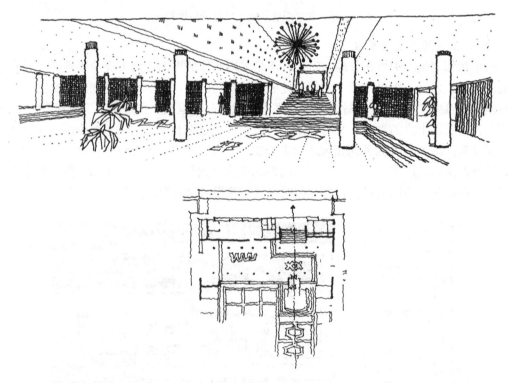

图 5-2-38　荷兰某市政厅的门厅平面及局部透视

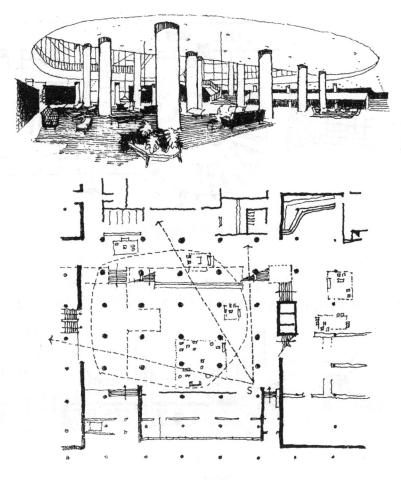

图 5-2-39　柏林议会厅底层大厅局部平面及 S 点透视

（五）空间的引导与暗示

　　某些空间群由于受到功能、地形或其他条件的限制，可能会使某些比较重要的空间的地位不够明显、突出，以致不易被人们发现。另外，在设计过程中，也可能有意识地把某些"趣味中心"置于比较隐蔽的地方，而避免开门见山，一览无余。因此，在空间群体设计中需要采取一定的措施对人流加以引导或暗示，从而使人们循着一定的途径而达到预定的目标。这种引导和暗示属于空间设计的范畴，要处理得自然、巧妙、含蓄，使人于不经意间沿着一定的方向或路线从一个空间依次走向另一个空间。

　　作为一种设计手法，空间的引导与暗示依具体条件的不同而千变万化，但归纳起来一般有以下四种途径。它们既可以单独使用，又可以互相配合起来共同发挥作用，至于具体形式则更是多种多样，切不可生搬硬套。

　　1. 弯曲的侧界面

　　以弯曲的侧界面能把人流引向某个确定的方向，并暗示着另一空间的存在。这种处理手法是以人的心理特点为依据的，当人们面对着一片弯曲的墙面，将不期而然地产生一种期待感——希望沿着弯曲的方向前进而有所发现，于是将不自觉地顺着弯曲的方向前进，从而被引导至某个确定的目标（图 5-2-40）。

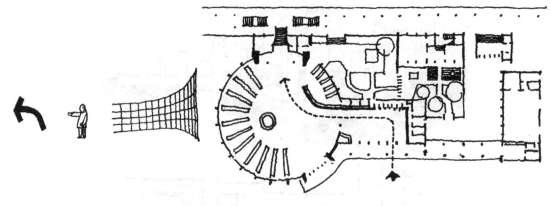

图5-2-40　弯曲侧界面的暗示引导

2. 楼梯或台阶

楼梯、台阶通常都具有一种引人向上的诱惑力，所以可以利用楼梯、台阶、自动扶梯等，暗示出上一层空间的存在，把人流由低处空间引导至高处空间（图5-2-41a，b）。

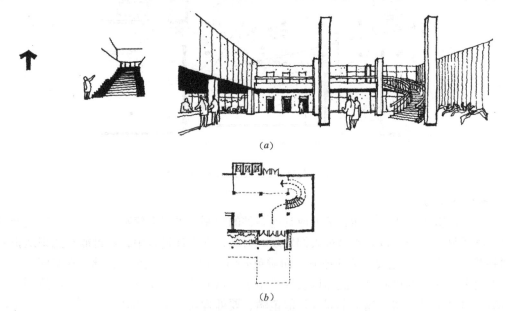

(a)

(b)

图5-2-41　楼梯台阶的暗示引导
(a) 东方宾馆门厅透视；(b) 东方宾馆门厅平面

3. 顶棚或地面

在顶棚和地面采用一种具有强烈方向性或连续性的图案，可以暗示出前进的方向，把人流引导至某个确定的目标（图5-2-42）。

4. 空间分隔

通过空间的灵活分隔可以暗示出另外一些空间的存在，从而把人们从一个空间而引导至另一个空间（图5-2-43）。

（六）空间的序列与节奏

在此前的叙述中，主要涉及的是两个相邻空间、几个空间的处理关系。为了使整个空间群体获得完整统一的效果，还必须充分重视空间群体的序列与节奏。

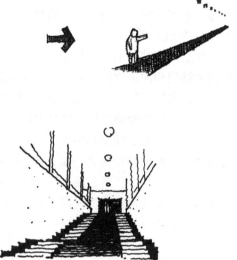

空间艺术是三维艺术，人们很难一眼就看到它的全部，只有在运动中——也就是在连续行进的过程中，才能逐一地看到它的各个部分，从而形成整体印象。在从一个空间走到另一个空间的过程中，人们才能逐渐感受空间的整体，因此，空间群体的观赏不仅涉及到空间变化的因素，同时还涉及到时间变化的因素，这是四维的艺术。组织空间序列的任务就是要把空间的排列和时间的先后这两种因素有机地统一起来。只有这样，才能使人们不仅在静止的情况下能获得良好的观赏效果，而且在运动的情况下也能获得良好的观赏效果，使人感到既协调一致又充满变化，从而留下完整、深刻的印象。

图 5-2-42　顶棚、地面的暗示引导

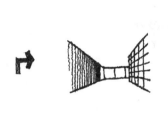

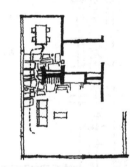

从起居室看餐室的透视

图 5-2-43　空间分隔的暗示引导

组织空间序列，首先要考虑主要人流方向的空间处理，当然同时还要兼顾次要人流方向的空间处理。前者应该是空间序列的主旋律，后者虽然处于从属地位，但却可以起到烘托前者的作用。

在主要人流方向上的主要空间序列一般可以概括为：入口空间——一个或一系列次要空间——高潮空间——一个或一系列次要空间——出口空间。其中，入口空间主要希望通过空间的妥善处理吸引人流进入室内；人流进入之后，一般需要经过一个或一系列相对次要的空间才能进入主体空间（高潮空间），在设计中对这一系列次要空间中也应进行认真处理，使之成为高潮空间的铺垫，使人们怀着期盼的心情期待高潮空间的到来；高潮空间是整个空间序列的重点，一般来说它的空间体量比较高大、用材比较考究，希望给人留下深刻的印象；在高潮空间后面，一般还需要设置一些次要空间，以使人的情绪能逐渐回落。最后则是空间群的出口空间，出口空间虽然是空间序列的终结，但也不能草率对待，否则会使人感到虎头蛇尾、有始无终。

上面介绍的是比较理想化的空间序列，在实际设计中，一定要根据空间群的具体情况进行调整，有时甚至可以设置二个或更多的高潮空间，以满足人们的需要。总之，应该根据空间限定原则和形式美原则，综合运用空间对比、空间重复、空间过渡、空间引导等一系列手法，使整个空间群体成为有次序、有重点、有变化的统一整体。图5-2-44 至图5-2-49 展示的是北京火车站空间序列的实例。

北京火车站基本呈对称平面布局，图5-2-44 及图5-2-45 显示，北京火车站的人流沿一条主轴线和两条副轴线展开，大量人流必须经过自动扶梯登上二层高架候车厅后才能检票上车，所以必须处理好这条主轴线的空间序列。图中 A 是室外空间；B 是雨篷下的空间，是内外空间交融之处；C 是夹层下的低矮空间，为旅客进入大厅作好准备。图5-2-46 即为从夹层下的空间望车站大厅；D 是车站大厅，是整个空间序列中的高潮所在。这里空间高敞，人们的精神为之一振，图5-2-47 为大厅效果；E 是二层上的空间，左右展开的候车厅是大厅空间的扩展与补充，图5-2-48F 和 G 是过渡空间，空间比较低矮；H 至 L 是高架候车厅，空间再次略微升高，并借空间重复形成韵律感，旅客由此进站候车，标志着空间序列的结束（图5-2-49）。

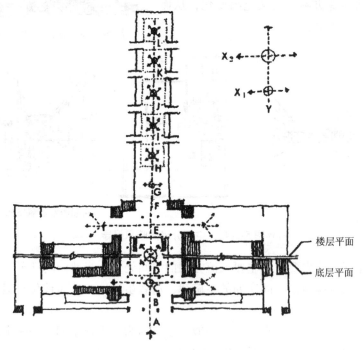

图 5-2-44　北京火车站平面图

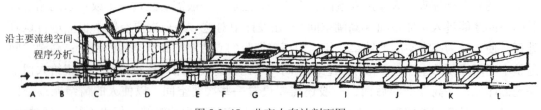

图 5-2-45　北京火车站剖面图

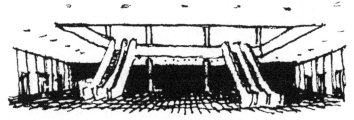

图 5-2-46　从夹层下看车站大厅

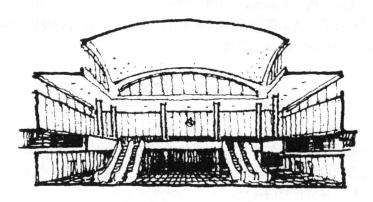

图 5-2-47　车站大厅透视图

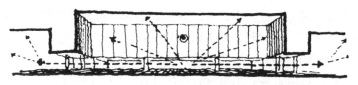

图 5-2-48　大厅二层正对候车厅的空间效果

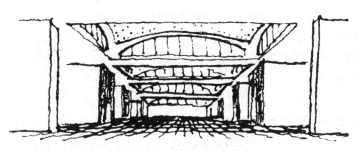

图 5-2-49　高架候车厅透视

第六章　主要空间类型的设计与分析

室内外空间设计涉及面广、种类繁多，前面各章论述了空间设计的基本原理，本章则在上述基础上，提出了内部空间设计、广场空间设计、街道空间设计和庭院空间设计的原则与方法，通过这几类特色空间的设计原则和方法的介绍，以达到前后贯通、举一反三，触类旁通的目的，为设计实践奠定基础。

第一节　室内空间设计

室内空间设计也称为室内设计，其概念可以简要地理解为，运用一定的物质技术手段与经济能力，根据对象所处的特定环境，对内部空间进行创造与组织，形成安全、卫生、舒适、优美、生态的内部环境，满足人们的物质功能需要与精神功能需要。室内设计是一门相对独立的学科，具有自身的特点。

一、室内空间设计简述

室内空间的种类很多，一般而言，可以分为居住空间和公共空间两大类，两类空间具有不同的特点和设计原则，设计时必须予以充分注意。

（一）居住空间的室内设计

居住空间室内设计包括公寓、别墅等各种居住建筑的室内设计。家庭是人们一生中停留时间最长的空间，是人们工作、学习、休息、生活的主要场所。居住空间具有一定的私密性，同时又要有一定的个性。一个温馨的家、一个愉快而又健康的生活环境，可以帮助人们消除疲劳、恢复精力，因此居住空间室内设计需要特别细致、实用。

1. 居住空间的各部分功能

我国当代居住空间一般主要由以下几部分组成。

（1）入口空间

入口空间是由户外进入户内的过渡空间。入口空间一般都比较小，但功能要求却不简单。就储藏功能而言，入口空间需要考虑设置存放雨具、运动器具等家具；就视线而言，入口空间需要考虑适当遮挡视线，防止视线直通起居室或卧室；就光环境而言，"入口空间"一般很少有直接采光，需要通过人工照明解决；就地面材料而言，"入口空间"需要考虑换鞋、清洁、防潮等功能，一般以易清洁、耐磨的同质陶瓷类地砖为宜。图6-1-1为一"入口空间"内景。

图6-1-1　入口空间内景

（2）起居室

起居室（living room）是居住空间中最重要的空间，既是接待客人、朋友，同时也是家庭成员交流的场所，在不少住宅中，起居室还兼有餐厅的功能。起居室的室内设计在一定程度上反映了主人的地位、身份和情趣，是室内空间的重点设计部位（图6-1-2a，b）。

（a）

（b）

图6-1-2 起居室内景

起居室的家具和物品通常包括：沙发、茶几、电视机、音响乃至钢琴等。

（3）家庭室

在面积较大的住宅中，除起居室之外，有时还设有家庭室（family room），这一空间常常在楼层或比较内部的地方，主要供家庭成员集聚、交流之用，其空间设计与家具陈设布置应从主人的兴趣爱好出发，强调家庭氛围，突出温馨的感受。

（4）餐厅

餐厅带有休闲、放松的功能，布置有储藏柜、酒柜、陈列柜和餐桌椅，其空间要求卫生、舒适。餐厅的风格多种多样，一般致力于营造亲切的气氛和情调（图6-1-3a，b）。

（a）　　　　　　　　　　　　　　　　　　　（b）

图6-1-3　餐厅内景

（5）卧室

卧室的主要功能是供人休息和睡眠，因此内部空间设计应该强调宁静温馨的氛围，应该注意隔绝噪音，保持私密性（图6-1-4a，b）。

在小面积住宅中，卧室往往兼有工作、学习的功能，这时在空间布局上最好能适当分区，以满足多功能的需求。对于儿童卧室而言，应该考虑他们的特殊心理需求，宜在色彩和氛围上与成人卧室有所区别。

（6）书房或工作室

书房或工作室是人们工作、学习的地方，应营造出安静的氛围，使人们能集中精力学习工作，也应注意隔绝噪音。

（7）保姆室

在别墅等较大型的居住建筑中，往往设有保姆室。其室内设计的要求比较简单，但也必须满足基本的功能要求。

（8）厨房

家庭厨房一般有开敞式和封闭式两类，我国膳食制作中的油烟较多，建议厨房布局采用封闭式为好。

厨房空间的布局首先应该考虑洗、切、烧、盛等工序及其要求，以便于使用者操作；其次应该考虑炊具、碗碟等器皿的存放，使人能方便地取放，此外还应考虑各类设备、管道和管线的要求。厨房的装饰用材应以简洁、易于清洁为主，地面应注意防滑要求（图6-1-5a，b）。

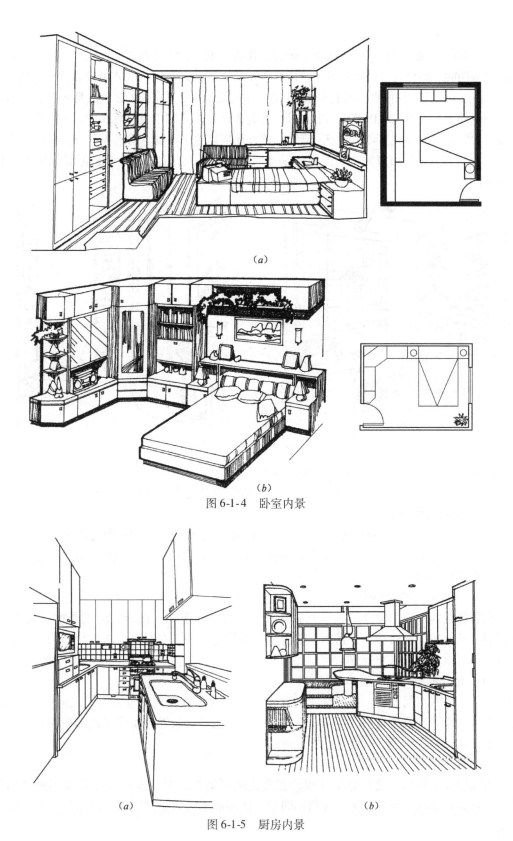

（a）

（b）

图 6-1-4　卧室内景

（a）　　　　　　　　　　　　　（b）

图 6-1-5　厨房内景

（9）卫生间

卫生间的功能包括：洗浴、排便、盥洗、化妆、更衣、洗衣等内容，现代卫生间的设备正在向多功能、高档化发展，对卫生间设计的要求也日益提高。有些住宅设有两个厕所，其中一个为主人专用，往往直接与主人卧室相连，这时更应考虑其空间的私密性要求和个性要求。

卫生间的布置首先应该考虑功能要求，充分满足使用者的需要；其次应该充分考虑人类工效学的要求，使人使用时感到方便舒适，此外还应该考虑设备、管线等各项技术的要求。

卫生间的装饰用材以简洁、淡雅、易于清洁为主，地面要特别考虑防滑的要求（图6-1-6a，b）。

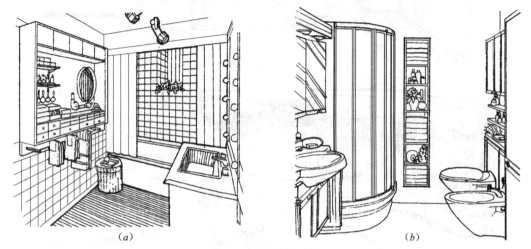

图 6-1-6　卫生间内景

2. 居住空间内部设计的主要原则

除了遵循一般的空间设计原则之外，居住空间设计还应特别注意以下几点。

（1）营造家庭氛围

"家"是一个非常有吸引力的词，它给人以温情的联想，因此在居住空间内部设计中，一定要突出家居的特色，突出"家"的氛围。那些模仿宾馆客房、模仿卡拉OK包房的做法都是不应提倡的。

（2）尊重主人的兴趣爱好

在居住空间的内部设计中必须充分尊重主人的兴趣爱好，设计风格或淡雅、或浓重，或新潮、或怀旧，或简洁、或富丽，或自然、或繁复……，在符合美学规律的前提下，设计应充分尊重主人的兴趣爱好。

（3）充分考虑人类工效学的要求

相对于公共空间而言，居住空间的面积不大，因此更需充分考虑人类工效学的要求，无论在流线布置、家具布局，还是在光环境设计、色彩运用等方面都应该遵循人类工效学的要求，让使用者感到方便合理、安全舒适。

（4）注重动态变化

当代居住空间内部设计非常强调动态变化的可能性，对于硬质界面尽量不做特别处理，主张借助家具、织物、陈设等物体的变化而形成不同的空间氛围，以增加动态变化的可能性。

（二）公共空间的室内设计

公共建筑内部空间是室内设计的主要内容，其形式多样、手法各异，有许多值得研究和注意的地方。

1. 不同类型公共空间的主要特征

公共空间室内设计涉及很多内容，包括：文化类空间室内设计、观演类空间室内设计、办公类空间室内设计、餐饮类空间室内设计、娱乐类空间室内设计、商业类空间室内设计、旅馆类空间室内设计等。下面简要介绍几类公共建筑内部空间的主要特征。

（1）办公类室内空间

办公类室内空间需要营造简洁高效的办公氛围。就平面布局而言，可以分为传统式办公空间（分成单间的办公空间）和开敞式公办空间。在一般情况下，目前比较倾向于采用开敞式的办公空间。图6-1-7（a，b）即为开敞式景观办公空间的实例。

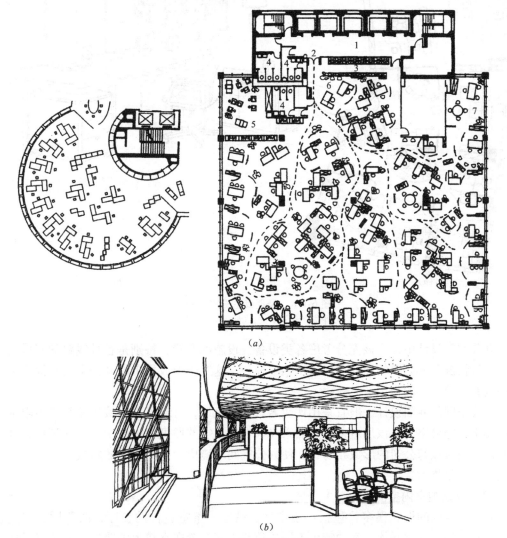

（a）

（b）

图 6-1-7　开敞式景观办公空间

（a）平面布置示例；（b）办公室局部内景

1—电梯厅；2—入口；3—衣帽间；4—洗手间；5—休息室；6—接待处；7—主管办公室

在办公空间的总体布置中，一般把位置、光线比较好的位置留给高层管理人员；财务室、接待室、会议室应该与办公区分开，以免互相干扰；办公空间的入口处一般设服务台和等候休息区。在各类空间中，高层领导的办公空间、入口接待台、会议室常常是重点设计的部位，应该充分体现公司的整体风貌（图6-1-8a, b）。

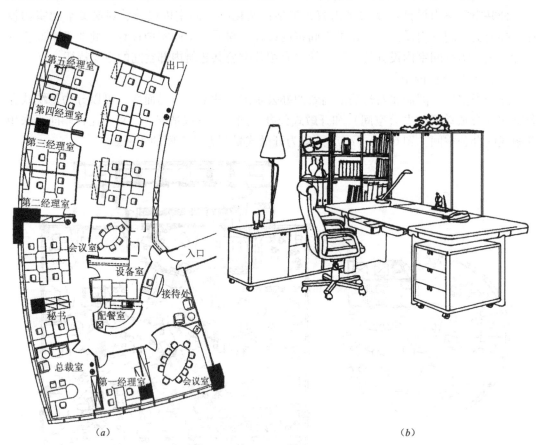

（a） （b）

图6-1-8 经理或主管室空间
（a）平面图布置示例；（b）基本家具示例

办公空间设计中，应该充分考虑各类设备、设施的布置，特别是各种线路的安排与走向，一般情况下办公室的地面可以采用架空地板，这对于形成优美的办公空间和提高工作效率具有十分重要的作用。

办公空间的界面设计一般宜采用比较素雅的冷色调，有时可以直接用家具作为限定空间的元素；办公空间应该尽量采用天然采光，保持足够的照度，形成明亮的光环境；办公空间设计还应该与公司的形象相吻合，使办公空间环境成为企业文化的组成部分，完美地体现企业的整体形象。

（2）餐饮类室内空间

餐饮类空间的形式很多，包括：咖啡厅、酒吧、茶室、自助餐厅、西餐厅、和式餐厅、中餐馆等，各类餐饮空间的特色不同导致其内部布置亦有较大的差异，其装修风格亦有很大的不同。一般而言，在餐饮空间的内部设计中，应注意以下几点。

首先应该做到布局流畅，通过设置主次通道，减少交通面积，提高面积利用率；

其次应该划分不同的就餐空间，一般可以划分为大堂散座、单间。即使在散座中，还应该进一步划分为 2 人座、4 人座、8 人座、10 人座等，以便根据不同的人数安排就餐；

此外，还要充分重视空间氛围的塑造，根据各类餐饮空间的特点、类型、业主喜好、地域特色等营造相应的氛围。在雅座和包房设计中，更应强调优雅、亲切的气氛。在大空间设计中，则往往塑造比较整体大气、富丽热烈的效果。图 6-1-9 至图 6-1-13 分别为酒吧、中式餐厅、西式餐厅、和式餐厅及宴会厅的室内空间情景。

图 6-1-9　酒吧内景

图 6-1-10　中式餐厅内景

图 6-1-11　西式餐厅内景

图 6-1-12　和式餐厅内景

图 6-1-13　宴会厅内景

当然，餐饮空间还包括厨房设计，在厨房设计中，必须注意净污分开，注意食品制作的流程，确保食品卫生和操作方便。时下厨房的内部设计一般由专业公司负责承担。

（3）娱乐类室内空间

娱乐类空间的形式很多，常见的主要有：舞厅、歌厅、卡拉 OK 厅、桑拿浴室等，各类娱乐空间往往具有不同的设计要求，很难一概而论。

舞厅是一种常见的娱乐和交际场所，设有舞池、舞台、乐台、休息座、吧台、声光控制室等。一般情况下，休息座围绕舞池布置，舞池地面采用磨光花岗岩、打蜡地板、镭射玻璃或不锈钢等材料，休息区则采用木地板和地毯等材料。舞厅中的灯光设计特别重要，一般需要由专业人员完成，美妙的灯光设计有助于创造五光十色、美轮美奂的效果。舞厅的隔音也很重要，应该采取必要的措施，防止对其他空间的干扰，图 6-1-14 即为常见的舞厅内景。

图 6-1-14　舞厅内景

卡拉 OK 是一种随着屏幕字幕而同步伴唱的歌唱娱乐形式。这种方式据说起源于日本，现在已经流行于世界各地。卡拉 OK 厅的大小各异，可以容纳几人、十余人、几十人等，内部还可以设有小舞池、卫生间等，同时必须设有屏幕、音响设备等，必须使所有的座位均可以看到屏幕，以便演唱。卡拉 OK 厅内的用材以软包为主，装修格调可以比较夸张，强调各种不同的主题，突出娱乐气氛。

桑拿浴的历史很久，在我国则是一种比较新颖的休闲方式。桑拿浴空间分为干区和湿区，湿区包括按摩池、蒸汽房、桑拿间、浴池、冲淋等，这部分的空间设计应简洁、卫生，地面考虑防滑，天花板考虑防止冷凝水下落等。设计中应该充分考虑到各种设备的不同要求。干区主要包括接待厅、休息区、按摩房等等，这部分设计要求环境优雅、气流通畅、光线柔和，以营造出一种轻松、休闲的氛围。

（4）商业类室内空间

营业厅是商业空间的核心与主体，是顾客购物和形成空间整体印象的主要场所。营业厅可以分为百货公司营业厅、专卖店营业厅、超级市场营业厅等，根据经营方式也可以分为闭架营业厅、开架营业厅、半开架营业厅、就坐洽谈营业厅等。

营业厅室内设计首先涉及到商品的分类布置和分层布置，设计中应该根据经营性质和规模，把不同类别的商品分成若干柜组。一般把经常浏览、易于随机激发购买欲的商品布置在底层，把有目的购置的商品布置在楼层，把重量较大和体积较大的商品置于地下室。

常见的柜台的布置形式有：周边式、周边式带散仓、半岛式、岛式、开敞式、综合式等多种（图6-1-15）。柜台布置还与人流组织有关，应充分考虑主通道和次通道的关系，通道布置应主要满足人们通行、购物的要求和消防疏散的要求（图6-1-16a，b）。

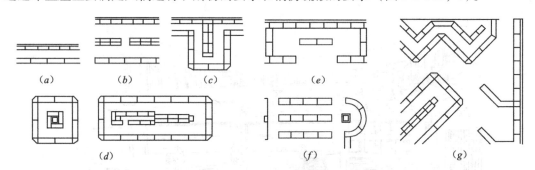

图6-1-15　柜台、货架布置的几种基本方式
（a）周边式；（b）周边式带散仓；（c）半岛式；（d）岛式（单柱及双柱）；
（e）半开敞式；（f）开敞式；（g）综合式

在上述基础上，应该充分考虑空间界面处理、照明处理、标识处理、橱窗处理、广告处理等因素，根据多样而统一的原理，营造或轻松、或休闲、或热烈、或优雅的购物氛围（图6-1-17）。

（5）旅馆类室内空间

旅馆是综合性的空间类型，其客房有类似于居住建筑中卧室的特点，餐厅有类似于一般餐饮空间的特点，休闲设施有类似于一般娱乐休闲空间的特点，而其中最能反映旅馆空间特色的当推大堂和中庭。在旅馆大堂和中庭的室内设计中，要突出"宾至如归"的氛围，通过空间设计，突出温暖、惬意的气氛。例如广州白天鹅宾馆的中庭以"故乡水"作为内景的主题，十分恰当地结合了地点、时间和旅客三者的关系，是一成功的佳例（图6-4-20至6-4-23）。

当然，在旅馆大堂中还有不少必备设施，如总服务台、大堂经理办公桌、休息座、吧台、钢琴或其他娱乐设施；在中庭中，一般布置有绿色植物、山石、水体、座位、吧台等，周边则常设有餐厅、商场等服务经营性空间。总之，大堂和中庭是旅客的集中和必经之处、是旅馆内部空间的精华，在设计中必须集空间、界面、装饰、绿化、陈设、照明等于一体，使之成为整个旅馆空间的重中之重和精华所在。图6-1-18（a，b，c）至图6-1-20即为若干旅馆的大堂和中庭实例。

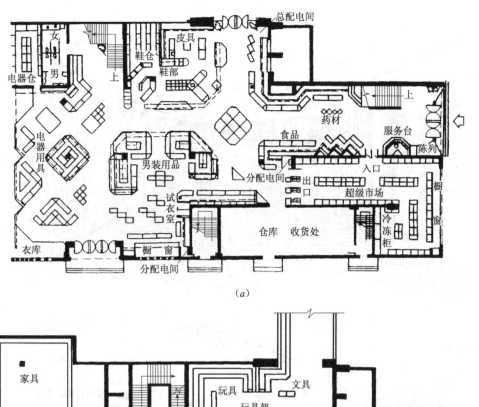

图 6-1-16 商场平面布置图
(a) 底层;(b) 楼层

2. 公共空间内部设计的主要原则

公共空间内部设计除了遵循一般的空间设计原则之外,还应该特别注意以下几点:

(1) 具有独特的立意

公共空间特别是大型公共空间内部设计一般都需要有一个独特的构思和立意,在设计前尽量做到"意在笔先",至少应该"笔意同步",只有这样才能使内部空间具有个性、富有新意。

图 6-1-17　营业厅内景示例

（2）营造特定的氛围

一般情况下，不同类型的公共空间需要有不同的氛围，例如文化类内部空间需要营造高雅、宁静的氛围；办公类内部空间需要营造简洁、高效的氛围；餐饮类内部空间需要营造温馨、亲切的氛围；商业类内部空间需要营造热闹、富丽的氛围……，只有把握住不同类型空间的特定氛围要求，才能营造出令人满意的内部空间。

即使在同一类公共建筑中，由于品牌、服务定位、经营理念等的不同，也需要有不同的空间氛围，这一点必须引起设计师的重视。

图 6-1-18　大堂内景
(a) 广州花园大酒店大堂；(b) 北京香山饭店服务台；(c) 昆明金龙饭店总服务台

图 6-1-19　美国亚特兰大桃树旅馆中庭内景

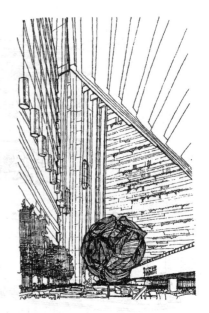

图 6-1-20　美国旧金山海特摄政酒店中庭剖面及内景

（3）符合特定的功能要求

各类公共空间不但具有不同的氛围要求，而且也有不同的功能要求。在空间设计中必须充分重视这些特定的功能要求，要进行详细的调研和分析，从空间布局、人流组织、陈设配置、设备配合等方面入手，反复推敲，提出切实可行而又独具创意的解决方案，达到功能、形式、美观、构思的高度统一。

（4）重视动态的变化

当前，公共空间内部装修的更新周期很快，一般餐厅、服装店、理发店等的更新周期为 3～5 年。随着市场竞争日益激烈，公共空间内部装修的更新周期有进一步缩短的可能性。因此在公共空间内部设计中，一定要充分考虑到动态变化的可能，谨慎选择高档耐用材料，做到既符合动态变化的要求，又可以节约材料、符合可持续发展的原则。

二、室内空间设计案例分析

室内设计量大面广、类型繁多、形式多样，各国都有很多优秀的案例，这里仅择几例经典的内部空间予以介绍。

（一）流水别墅

流水别墅（Kaufmann House on the Waterfall）是建筑师大师赖特（Frank Lloyd Wright）为考夫曼（Kaufmann）设计的别墅，整幢建筑构思大胆，与环境紧密结合，是载入史册的著名建筑。

流水别墅在宾夕法尼亚州（Pennsylvania）匹兹堡（Pittsburgh）的郊区，是该市百货公司老板考夫曼的产业。考夫曼买下一片很大的风景优美的地产，请赖特设计别墅。赖特选中了一处地形起伏、林木繁盛的地方，在那里一条小溪从山石上跌落而下，形成一个小小的瀑布，赖特把别墅设计在小瀑布的上方。整幢建筑采用钢筋混凝土结构，高的地方有三层，每一层楼板连同边上的栏墙好像一个托盘，支撑在墙和柱墩上。各层平面的大小和形状各不相同,利用钢筋混凝土结构的悬挑能力,向各个方向远远地悬伸出来。有的地方用石墙和玻璃围起来,形成不同形状的室内空间,有的角落比较封闭,有的比较开敞(图6-1-21至图6-1-26)。流水别墅就内部空间而言主要有两大特征。

图 6-1-21 流水别墅外观图

图 6-1-22 卧室内景

(a)

(b)

图 6-1-23　起居室内景

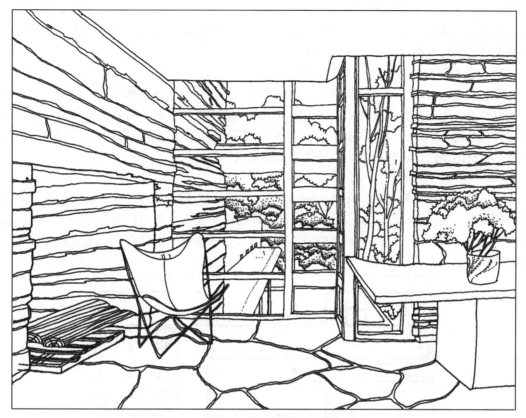

图 6-1-24　休息室内景

6-1-25　餐厅内景

图 6-1-26　楼梯旁的书架

1. 内部空间与自然环境融为一体

流水别墅的最成功之处是建筑，包括内部空间与周围的自然环境紧密结合，它轻盈地悬挑在流水之上，那些挑出的平台争先恐后地伸进周围的自然空间。整个建筑形体舒展开放，与地形、林木、山石、流水关系密切，与大自然形成互相渗透的形态，人工景色与自然风光互相映衬、相得益彰、融为一体。

2. 内部空间与建筑构成完美的整体

流水别墅的室内空间与建筑成为一个完整的整体，处处能感受到内外空间的互动，感受到内外的一体。就界面处理而言，可以发现不少墙体是从内延伸向外的，然而这些墙体的材料都是内外一致，给人以很强的整体感。就用材而言，流水别墅的内部空间用了大量石材，石材的地面、石材的墙面，处处让人感受到自然的氛围。

（二）金贝尔博物馆

金贝尔博物馆（Kimbell Art Museum）是在美国一城市郊区的一座博物馆，由著名建筑师路易斯·康（Louis Isadore Kahn）设计。博物馆坐落在一个空旷的公园中，外部形象冷峻严肃，构图严谨，内部空间则相当丰富。金贝尔博物馆的内部空间主要有以下几个显著的特点（图6-1-27 至图6-1-33）。

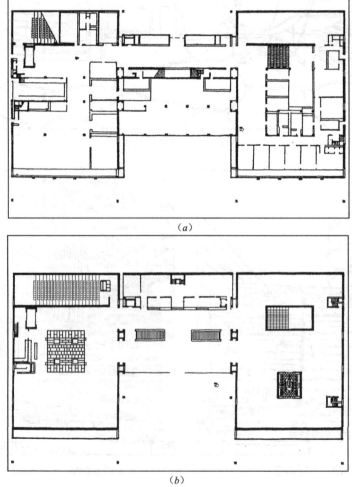

（a）

（b）

图 6-1-27　金贝尔博物馆平面图
（a）底层平面图；（b）二层平面图

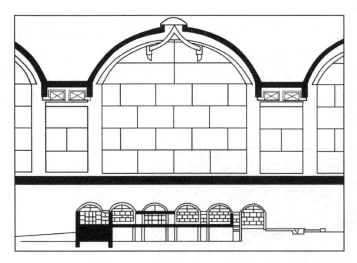

图 6-1-28　博物馆展室局部剖面图（自然光从顶部天窗经二次漫反射后进入展室）

图 6-1-29　博物馆入口透视图

图 6-1-30　博物馆二层大厅（休息厅）透视图

图 6-1-31　博物馆礼堂内景

1. 内外一体的母题

整个设计采用混凝土薄壳拱顶，整幢建筑由若干条这样的拱形空间组成，具有很强的母题重复的感觉。内部空间也使人直接感受到这些拱形空间，让人体会到母题重复的魅力，具有强烈的整体感。

191

2. 巧妙的光线运用

对光线的巧妙运用是金贝尔博物馆内部空间设计的一大特点，设计师用"银色"光打破了深重的空间形态，用"绿色"赋予空间以生命。"银色"光是从天窗进入的，通过精密设计的反光罩的几次反射给内部空间带来了光线，这种光来自天空，具有一定的神秘性；"绿色"光则来自内庭园，为内部空间带来勃勃的生机。这两种光线的巧妙结合，形成了令人赞叹的内部光环境。

图 6-1-32　博物馆展厅透视图（陈列壁画展品时）　　　　图 6-1-33　博物馆楼梯扶手

3. 材料的忠实体现

在材料选择上，路易斯·康流露出忠实材料原有质感的爱好，柱和混凝土薄壳拱顶都是裸露的混凝土，其他不承重的墙体则根据采光需要以灰华石板和玻璃来建造。通过这种与混凝土对比不很强烈的材料，使人感到整个空间好像是用一种材料建造的，具有浑然一体的感受。

楼梯扶手则采用铝合金片冲压而成的型材，使人感到既现代又很轻巧，与混凝土和石材形成强烈的对比。

（三）伊利诺斯州行政中心

美国伊利诺斯州行政中心（State of Illinois Center）位于美国伊利诺斯州的芝加哥

（Chicago），由美国著名建筑设计事务所——墨菲/扬事务所（Murphy/Jahn）设计，整幢大楼面积约为35万 m^2，采用钢结构形式，1979年开始设计，1985年建成。大楼建成之后，曾受到高度评价，被认为是一幢充满理性、个性与创意的建筑（图6-1-34 至图6-1-36）。

图6-1-34 伊利诺斯州行政中心外观图

图6-1-35 行政中心中庭内景

图6-1-36 自中庭向下的俯视图

1. 构思独特

行政中心并不是新颖的建筑类型，西方古希腊、古罗马的市政中心、市政厅，我国传统建筑中的宫殿、府衙等都可视为行政建筑。纵观古今中外的行政类建筑，一般都有一个共同的特点，即强化建筑的庄重感。因此，大量的行政类建筑都采用对称的构图，厚重的体量，以此塑造建筑的庄重感，给人以神圣不可侵犯之感，烘托行政当局的权威性和严肃性。然而，伊利诺斯州行政中心却一反传统，采用了非常通透，开敞的空间形式，给人耳目一新的感受。

行政中心沿城市街道向后退让布置，避免造成对城市的压抑感，增添了对人们的亲切感。进入行政中心，迎面就是一个巨大的圆形中庭，中庭四周环一敞廊，且布置有观光电梯及扶梯，中庭顶部覆以玻璃天棚，阳光从上倾泻而下，四周是由新型装饰材料组成的室内界面，整个内部空间给人轻盈亲切的感觉。层层的环廊亦可供人自由漫步，丝毫没有进入政府机关的那种拘谨彷徨之感。相反，使人感受到行政机关与人民之间的平等和对人民权利的重视，无形中缩短了政府与人民之间的距离，增加了亲切感。

2. 新材料的运用

伊利诺斯州行政中心在材料运用方面亦很有特点。整幢建筑为钢结构，外部采用了反射玻璃和透明玻璃，内部空间既有暴露出大量钢结构构件的地方，亦有运用镜面玻璃、塑铝板、透明玻璃等新型材料装饰的地方。设计师通过这些不同材料的巧妙组合与运用，体现出新材料的魅力，反映出现代科学技术的力量，同时也恰当地表达出设计师的创意。大量的镜面玻璃和透明玻璃增加了空间的轻巧感与透明感，强调了人民与行政当局相互沟通的设计立意，为行政中心注入了活力。

3. 色彩与图案效果

伊利诺斯州行政中心设计的另一个特点是对色彩和图案的大胆运用。常见的行政中心一般都采用淡雅的色彩以突出庄重典雅的气氛，而伊利诺斯州行政中心的室内空间则采用红、蓝等比较鲜艳的色彩，再配以镜面玻璃后形成丰富多彩的室内效果，强化出设计的独特个性。

除了对色彩的大胆使用之外，整幢建筑物还相当注重图案效果的运用。侧界面上玻璃的分格比例在满足技术要求的前提下，经过仔细的推敲后尺度宜人；室内地面的划格也经过细致设计，这些划格加上不同色彩的镶配，再配上斜向楼梯和栏杆扶手的设置，构成了别具一格的图案效果，给人深刻难忘的印象。

总之，伊利诺斯州行政中心是一大胆而富创意的设计作品，它不但在当时名重一时，而且对于现今的设计同样具有很好的借鉴与参考作用。

第二节　广场空间设计

一般情况下，广场是指有围合物、无覆盖物所形成的空间场所或场地。《城市规划原理》一书中认为：广场是由于城市功能上的要求而设置的，是供人们活动的空间。城市广场通常是城市居民社会活动的中心，广场上可以组织集会、组织交通集散、组织游览休息、组织商业贸易交流等。

日本著名建筑师芦原义信在《街道的美学》一书中则认为：广场是城市中由各类建筑

围成的城市空间。一个名符其实的广场，在空间构成上应具备以下四个条件：

第一，广场的边界线清楚，能成为"图形"，此边界线最好是建筑的外墙，而不是单纯遮挡视线的围墙；

第二，具有良好的封闭空间的"阴角"，容易构成"图形"；

第三，铺装面直沿伸到广场边界，空间领域明确，容易构成图形；

第四，周围的建筑具有某种统一和协调，宽（D）高（H）之比例良好。

一、广场空间设计简述

广场是一类非常重要的室外空间，关于广场的设计有多种多样的论述，涉及前面各章中介绍的原理与方法，这里仅从广场的类型、广场与周围建筑物和道路的关系等方面作进一步的分析。

（一）广场的类型

广场的类型多种多样，按照广场的尺度，可以分为大型广场和小型广场。大型广场常指用于政务、检阅、集会等大型活动的广场；小型广场一般包括街区休闲广场、庭园式广场等，种类及形式多样。按照广场的空间形态，可以分为开敞性广场和封闭性广场。按照广场的材料，可以分为以硬地为主的广场、以绿化为主的广场和以水体为主的广场。

除了以上几种分类方法以外，广场还有一些其他的分类方式。

1. 按照广场的使用功能分类

按照广场的使用功能，可以分为：

（1）集会性广场：如政治广场、市政广场、宗教广场等；

（2）纪念性广场：如纪念广场、陵园、陵墓广场等；

（3）交通性广场：如站前广场、交通广场等；

（4）商业性广场：如集市广场等；

（5）文化娱乐性休闲广场：如音乐广场、街心广场、儿童广场等；

（6）附属广场：如商场前的广场、大型公共建筑前的广场等；

上述各类广场各有不同的要求，特点各异，需要在设计中引起注意。

2. 按广场的剖面形式分类

按照广场的剖面形式，主要分为平面型广场和立体型广场。

（1）平面型广场

平面型广场最为常见，绝大多数广场都是平面型广场，如北京的天安门广场、上海的人民广场、罗马的共和国广场等等（图6-2-1*a*，*b*）。这类广场空间在垂直方向无变化或甚少变化，各空间处于相近的水平层面，与城市道路平面连接，具有交通组织便捷、空间比较单一、明确的特点。为了克服缺乏层次感的缺陷，往往在设计中通过局部小尺度高差变化和绿化、街具小品等形成错落有致的空间变化。

（2）立体型广场

立体型广场往往在空间垂直向度上有较大变化，便于解决交通分流问题，有利于把更多的自然生态景观引入城市，营造安静的休闲空间，给城市中心增添活力。立体型广场按其与城市平面的关系，又分为上升式和下沉式两种。

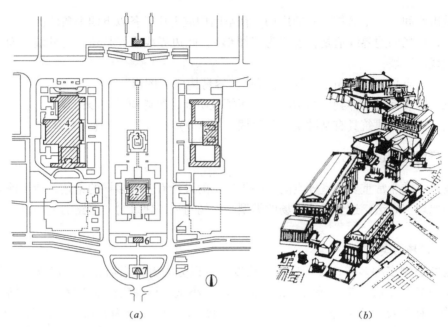

(a)   (b)

图 6-2-1　平面广场

(a) 北京天安门广场；(b) 意大利罗马共和国广场

1—天安门；2—毛主席纪念堂；3—人民英雄纪念碑；4—人民大会堂；
5—革命历史博物馆；6—正阳门；7—箭楼

● 上升式广场

上升式广场一般构筑在城市道路网上方或低层建筑物的顶部（图 6-2-2a，b）。

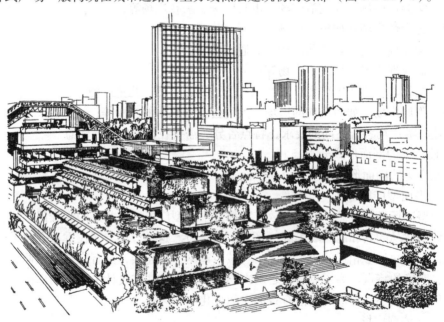

(a)

图 6-2-2　上升式广场（a）

加拿大温哥华罗伯逊立体广场

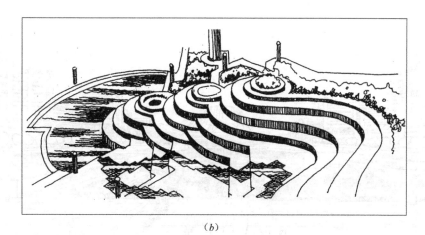

(b)

图 6-2-2 上升式广场（*b*）
德国斯图加特医疗管理中心广场局部鸟瞰图

上升式广场一般将车行道设置在较低的层面上，而把步行和非机动车交通设置在较高的层面，实行人车分流。人行穿越的核心处构筑景观广场，这类广场一般常常结合中心区的改造和环境综合治理而统一设计。如巴西圣保罗市的安汉班根广场（图 6-2-3）即是一例。该广场在重建时，把已被交通占据的广场建在交通隧道以上，形成面积达 6ha 的上升式绿化广场，给这一地区重新注入了绿色的活力。

● 下沉式广场

下沉式广场是应用较多的广场形态，它既解决了交通的分流问题，又在喧嚣的城市环境中为市民提供了一个安静、安全、围合有致且有归属感的外部空间。著名的美国洛克菲勒下沉式广场就是一例（图 6-2-19 至图 6-2-21）。

下沉式广场大多兼具步行交通功能，往往同时与地下商业街等地下空间沟通，高差变化处常常结合水体，使空间更具活力，充满动感（图 6-2-4）。

图 6-2-3 巴西圣保罗市的安汉班根广场

（二）广场与周围建筑和道路的关系

一般情况下，广场是由建筑物和道路围合而成的，广场周边的建筑物、道路对于广场的空间效果具有十分重要的影响，需要在设计中反复推敲、认真考虑。

1. 广场空间与周围建筑的关系

广场与周围建筑物的关系大概有如下几种。

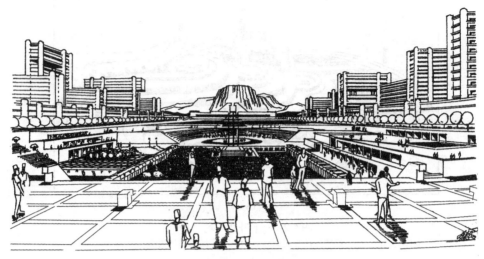

图 6-2-4　尼日利亚新都阿布贾中心区下沉式广场

（1）四角敞开的广场空间

在四角敞开的广场中，图 6-2-5a 表示的是方格形城市平面中最常见的广场形式。广场的四角敞开，道路从四角引入，它的缺陷是道路将广场建筑与广场地面分开，从而使广场空间变成了一个"中央岛"，使广场地面与建筑无法取得有机联系，容易导致广场空间的涣散。

图 6-2-5b 有两条道路分隔广场，当沿着这两条路走时，可以看到广场空间的外面。这种布局的空间效果比第一种要好，但面对道路的建筑与广场的关系仍不够紧密，空间的整体感仍不够强。

图 6-2-5c 是一种有趣的广场平面布置形式。广场每一个角的开口处对着一面墙，使人无论从哪个角度去看时视线都被建筑物封闭住，由此广场获得了很强的空间效果，建筑与广场也取得了紧密的联系，形成了统一的空间构图。佛罗伦萨的希格诺利亚广场就属这种布局的广场（图 6-2-6，图 5-1-8）。

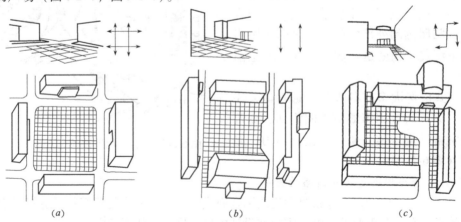

图 6-2-5　四角敞开的广场空间
（a）四条道路分隔广场；（b）两条道路分隔广场；（c）一条尽端道路进入广场

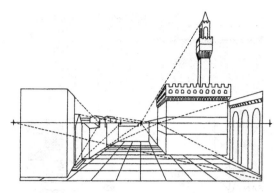

图 6-2-6 佛罗伦萨的希格诺利亚广场

（2）四角封闭的广场空间

与上述相反的广场形式是角部封闭的广场空间，如图 6-2-7 所示。广场四角封闭，在建筑的中央开口。这种处理对广场四周建筑的设计有很大限制，同时，如果广场的自然焦点处空无一物时，人可以从外部看穿广场，视线没有封闭，空间效果不佳。所以，常常需要在广场的中央布置雕像等作为对景。

当广场的开口减少到三个（如图 6-2-8 所示），空间效果会有所改善。其缺点是，人仍然可以从一个方向看穿广场，但从另一方向看，则是封闭的，同时为布置支配性的建筑物创造了条件，雕塑亦有了背景，容易取得比较好的视觉效果。佛罗伦萨亚南泽塔广场就属此类型（图 6-2-9）。

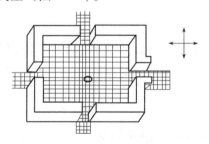

图 6-2-7　四角封闭的广场

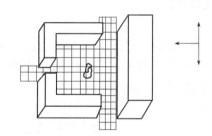

图 6-2-8　三个开口的广场

（3）三面封闭，一面开敞的广场空间

这类广场空间最为常见。一般广场的一侧为城市道路，其余三侧均由建筑围合而成。当人从道路向广场观看时，广场有很好的空间封闭感，与道路相对的建筑常作为主体建筑，是人们视线的焦点，需要进行精心设计。当人进入广场时，还可以看到道路上来往的人流与车流，给广场增添了动感与活力。为了提高广场空间的完整性，常在广场与道路相邻的一侧布置绿化、喷泉、座椅、花坛等分隔空间，这样，广场由建筑和各种小品共同构成了一个统一的整体空间。

（4）主要建筑物的附属广场空间

在重要的建筑物前往往需要设置附属广场，在这里可以欣赏建筑的主要造型。设计这类广场时应该充分考虑建筑的特性与性格，尽量通过广场来衬托建筑，突出建筑的雄伟。

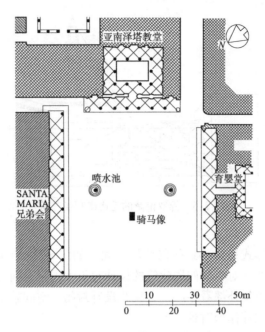

图 6-2-9　意大利佛罗伦萨亚南泽塔广场平面图

　　一般情况下，主体建筑物往往占据广场空间的一个边长，而且体量也比周围其他建筑高大，成为广场的主要视觉景观。广场上还可适当布置一些建筑小品或绿化，共同形成完整的建筑构图。

　　2. 广场空间与道路的关系

　　广场、建筑、道路三者之间的组合关系是非常紧密的，前面已经分析到了道路在广场空间围合中所起的作用。关于广场与道路的组合，一般说来有三种方式(图 6-2-10a，b，c)，即道路引向广场、道路穿越广场、广场位于道路一侧。

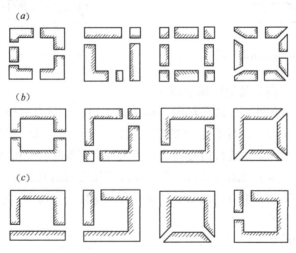

图 6-2-10　广场与道路的组合关系
(a) 道路引向广场；(b) 道路穿越广场；(c) 广场位于道路一侧

一般情况下，广场属于人的活动空间，道路则属于人与车的交通空间。在广场设计中，应该既有效地利用道路的交通作用，同时又尽量避免道路交通的干扰。在这方面日本横滨开港广场（图6-2-11）的设计值得借鉴。本属十字交叉的道路，按一般设计道路不是包围广场就是切割广场，然而开港广场却将道路交叉口扭转一个方向，交通岛与广场各占一隅，广场活动区与交通分离，巧妙地避开了交通对广场的干扰，各自构成独立领域。

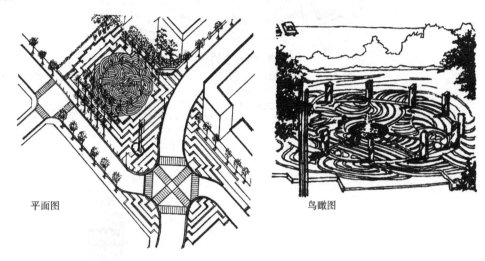

平面图　　　　　　　　　　　　　　　　　鸟瞰图

图6-2-11　　日本横滨开港广场平面及鸟瞰

二、广场空间设计案例分析

广场是一个非常重要的空间类型，古今中外留下了众多令人流连忘返的广场，其成就与经验至今仍然值得借鉴学习，这里仅列举几个著名广场予以介绍。

（一）锡耶纳坎坡广场

意大利锡耶纳的坎坡广场是闻名世界的广场，它不仅具有自身独特的空间形态，而且与城市道路形成了巧妙的空间关系。

11世纪中期，锡耶纳开始形成独立的政治实体，在13世纪末达到城市繁荣的顶峰。这个城市原本由三个自然发展而形成的聚落集合而成：位于西南的带有大教堂的特尔希（Terzi di Citta），北面朝向佛罗伦萨的卡莫利亚（di Kamollia）以及东南角的圣马提诺（di San Martino）。这三个区域各自有着通向城外的城门，与之相连的三条主要道路在城市中心相会，在这三条道路两侧聚集了城里几乎所有重要的家族。为了达到一种政治上的平衡，最后选择了在三个聚落相汇的、原本无人的中心地带建立市政厅（Palazzo Pubblico），从而构成统一后的锡耶纳的城市中心。对于一个中世纪的城市来讲，统一后的锡耶纳的城市建设是在一种少有的、严格的建筑法规指导下进行的。由于当时法规上对坎坡广场周边建筑物的空间定位、材料、形式、色彩以及高度上的严格控制，才使它获得了如此规整的空间形态，一直为世人所赞赏（图6-2-12、图6-2-13）。

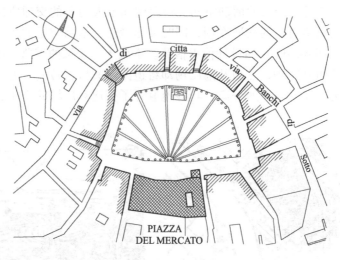

图 6-2-12　意大利锡耶纳坎坡广场平面图

图 6-2-13　意大利锡耶纳坎坡广场鸟瞰图

贝壳形的坎坡广场长133m、宽91m（均为中间值），面积约1.21ha。直到今天它还承载着城市的各种重要节日活动，城市主要道路与它并不直接相连，被非常巧妙地设置在外围，呈半包围状。广场的西北边界与转弯道路走向基本平行，以建筑物相隔，其间穿插了11条狭窄的小巷，其中许多通道以过街楼的形式构成，既保证了广场空间的完整性和封闭性，又不失去与城市结构的密切关联。广场东南边界上始建于城市鼎盛时期（1297年）的市政厅是整个广场空间乃至整个锡耶纳城的控制物和标志。当时的市议会希望看到一个超越贵族宫殿甚至教堂的高塔，于是，这座大钟塔高102m，并以一个敲钟人的名字定名为马尼亚塔（Torre del Mangia），反映出共和时代的民主精神。此外，除北边的一个小塔楼，广场周边的建筑物高度基本一致，衬托着市政厅的宏伟。同时，周边的建筑物甚至基面还有着相似的材质、色彩和比例，从而进一步加强了广场空间的整体性。

广场的地面以放射状的图纹进行了装饰，放射中心设置在广场西南，与这条边界的中心重合，其东北面设有凸起的水池并与之基本对应，建立起一条不甚明确的空间轴线。整个城市建造在山坡上，由于地形的变化，广场地面出现明显的高差，西南低、东北高，从地形上强化着上述轴线。但这条轴线与市政厅塔楼有一定的错位关系，削弱了广场空间的对称性。这种看似不严密，但总体均衡的几何关系是中世纪城市空间设计的典型特征。[1]

（二）威尼斯圣马可广场

威尼斯是闻名世界的水城，它的圣马可广场（Piazza San Marco）被认为是世界上最完美和最动人的城市公共空间，有欧洲最美丽的"客厅"之称。

公元823年，威尼斯从埃及的亚历山大港迎来了使徒圣马可的骸骨，从此他被奉为威尼斯的保护神。到11世纪末，威尼斯形成了我们今天所熟悉的基本的城市空间结构，一条醒目的S形大运河贯穿全城，建立起城市的主动脉。在城市中央、运河的转折处是城市的经济中心里亚托，那里有着城市里当时的唯一桥梁里亚托桥；运河的终端是城市的政治中心圣马可广场。这两个中心相距不远，它们共同构成了城市的核心。（图6-2-14）

一般认为，圣马可广场起源于9世纪，经历了长期的改建、增建最后终于达到了完美的境地，成为世界上最卓越的建筑群和城市空间之一。圣马可广场事实上是一个宗教与政治广场，它那诱人的空间品质使它得到广泛的赞誉。不同时代、不同风格、不同体量的建筑物有机共存，保证了视觉感受的丰富与变化，而广场特殊的几何形态以及空间的巧妙组合则提供了出人意料的视觉变换。

圣马可广场呈不规则的L形，由大小两个广场组成，大广场与小广场均为梯形（图6-2-15）。大广场东西长175m（中间值），东端宽95m，西端宽56m，面积约1.32ha；小广场南北长95m（中间值，钟塔与石柱之间），南端宽40m，北端宽55m，面积约0.45ha，合计1.77ha（扣除重叠区域）。但大广场为东西走向，小广场南北走向，从而构成视觉感受的转换。大小广场的相交点正好是大钟塔所在，它与主教堂对应，构成这一结合的交接点，形成丰富的画面，充满了形体与色彩的对比。

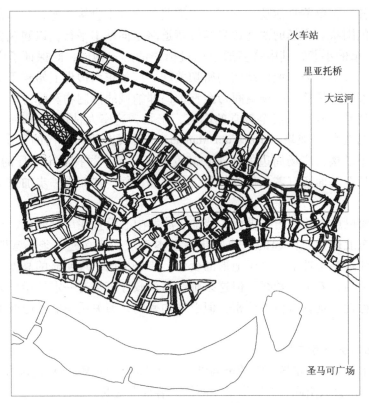

火车站

里亚托桥

大运河

圣马可广场

图 6-2-14　意大利威尼斯平面图

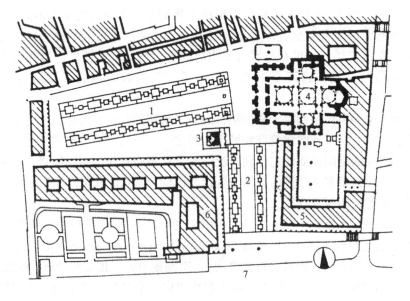

图 6-2-15　威尼斯圣马可广场平面图

1—圣马可广场；2—小广场；3—钟塔；4—圣马可教室；
5—公爵府；6—图书馆；7—大运河

两个广场都有着明确的对景，但手法各异。大广场的主景是细部繁多的圣马可教堂，广场两侧逐渐打开的边界强化着教堂的空间效果；小广场北端景点多样，首先是圣马可教堂伸入广场内的侧立面以及西侧的大钟塔，而在两者之后，大广场北边界上的钟楼也同样吸引着人的视线，层次分明；小广场南端则几乎完全开放，仅由两根石柱界定着空间，通向大海的视线一直引向对面由帕拉第奥设计的圣乔治教堂（San Giorgio Maggiore），大海成了广场与圣乔治岛的媒介。由于这些对景建筑之外的所有建筑物都有着非常规整的轮廓和建筑立面，特别是它们底层的柱廊骑楼保证了广场总体的完整与统一。广场的铺地图案也简洁统一，它们平行的走向勾勒出梯形的广场平面，将人的视线引向对景建筑。

　　从广场内部看，圣马可教堂与总督宫以其体量和造型的优势占据着支配地位，而其余的建筑物则朴实地充当着衬托和配角，层次分明。从广场外部看，大钟塔起着城市标志的作用，它的垂直走向与广场和水平展开的建筑形成鲜明的对比，它是绝对控制性的，海上归来的船队远远就能看到它高耸的身躯。

　　对于威尼斯城市而言，圣马可广场的建筑物构成了一个可以从海上观看的城市立面，这个立面在世界上是独一无二的，它高低起伏，节韵有序。这个立面有一个开口，开口的背后隐藏着圣马可广场（图6-2-16a，b）。[2]

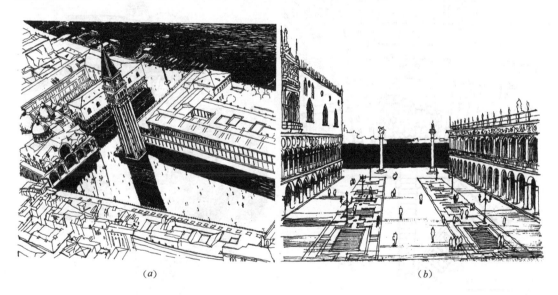

图 6-2-16　威尼斯圣马可广场鸟瞰图及透视图
(a) 鸟瞰图；(b) 透视图

（三）罗马市政广场

　　罗马市政广场（Piazza del Campidoglio）是艺术大师米开朗基罗（Michelangelo Buonarroti）的精美作品之一。它设计于 1537 年，最终落成却是在设计师去世一百年之后。

　　卡皮托是古罗马的七座山之一，这个小山顶上的建筑和空间在罗马时代便已存在，保罗三世在场地中央设置了一个骑士雕像（Mark Aurel），要求设计师完善这一空间。米开朗基罗设计了一个梯形的广场作为雕像的展示空间，重建了雕像后面的元老院（Palazzo del

Senatori），并以一个坚实的基座将其抬高，形成广场的主景和统帅；他还设计了广场左侧的卡皮托博物馆（Campidoglio Museum），两座新建筑与原有老建筑在体量和空间界面上构成统一的形式，创造出整个广场空间的完整形象。广场空间并不大，梯形图形短边长41m、宽边长60m，广场深76m，面积约0.39ha。

广场的空间组织巧妙地利用了原有的建筑与地形：卡皮托博物馆与原有宫殿（Palazzo del Conservatori）对称但并不平行，它们的夹角构成广场空间的形态；广场的短边完全开放，以一个逐步向上放大的台阶进入广场，梯形的广场平面强化了这种从低到高的戏剧性效果，充分展现了元老院的建筑立面和其后的高塔，同时使骑士雕像更加突出。反观广场短边的开口，低处的城市景观尽收眼底。雕像是广场的几何中心，以一个椭圆形的放射图案作为铺地装饰，它是整个广场造型元素的控制点，因为所有的轴线最终都归结到这一点。

罗马市政广场的空间是一个利用轴线和斜线进行造型的完美实例。轴线结合竖向高度的变化建立起基本的空间序列，而斜边所造成的空间距离的缩短效果则进一步强化了空间构思，使之成为影响力巨大的优秀作品（图6-2-17、图6-2-18）。[3]

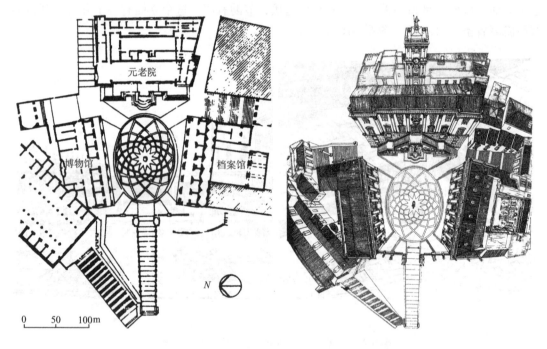

图6-2-17　罗马市政广场平面图　　　　　　图6-2-18　罗马市政广场鸟瞰图

（四）纽约洛克菲勒广场

美国纽约洛克菲勒中心广场建于1936年，它被认为是美国城市中最有活力、最受人欢迎的公共活动空间之一。广场规模较小，面积不到半公顷，但使用率却很高。在冬天是人们溜冰的场所，其他季节则摆满了咖啡座和冷饮摊。

该广场是下沉式广场，在高差处理上有独到之处。由广场周围的三条大街（西49街、西50街、洛克菲勒广场大街）进入广场均需经过踏步，由三条大街下沉的墙面包围着下沉部分，提高了广场的封闭条件。在广场中轴线垂直进入广场的道路称为"峡谷花园"（Channel Garden），宽17.5m，长约60m，做成斜坡处理，巧妙的设计使得人们注意不到斜坡的存在，从5号大街上不知不觉地走向下沉式广场。

广场的魅力首先来源于地面的高差，采用下沉的形式吸引了人们的注意。在广场中轴线尽端是金色的普罗米修斯雕像，它以褐色花岗岩墙面为背景，成为广场的视觉中心。环绕广场的地下层里设有高级餐厅，就餐的游人可以透过落地大玻璃看到广场上进行的各种活动。

洛克菲勒广场创造了繁华市中心建筑群中一个富有生气的、集功能与艺术为一体的广场空间形式，是现代城市广场设计走向功能复合化的成功案例[4]（图6-2-19至图6-2-21a，b，c）。

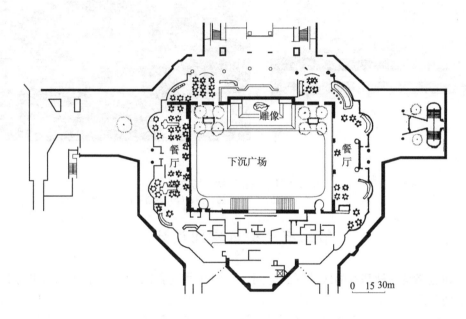

图6-2-19　洛克菲勒中心广场平面图

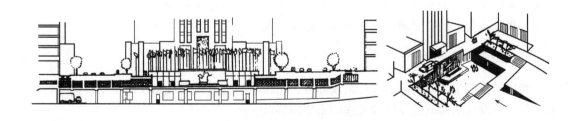

图6-2-20　洛克菲勒中心广场剖面图、鸟瞰示意图

(a)

(b)

(c)

图 6-2-21　洛克菲勒广场效果
(a) 普罗米修斯雕像；(b) 广场一侧；(c) 峡谷花园

第三节　街道空间设计

街道和道路是一种基本的线性开放空间，它们既承担了交通运输的任务，同时又为人们提供了公共活动的场所。

一般情况下，街道和道路是同义词。如果仔细辨别，则道路多以交通功能为主，而街道则更多地与人们日常生活以及步行活动方式相关，而实际上街道也综合了道路的功能。从空间角度看，街道两旁一般有沿街界面比较连续的建筑围合，这些建筑与其所在的街区及人行空间成为一个不可分割的整体，而道路则对空间围合没有特殊的要求，与其相关的道路景观主要与人们在交通工具上的认知感受有关。

一、街道空间设计简述

街道是我们生活环境中的重要组成部分，街道空间的组成元素和设计原则有其独特之处，其空间设计从来就是设计师关注的重要内容。

（一）街道空间的组成元素

街道空间主要由天空、周边建筑、植物（主要是行道树）、街具和路面构成，这些组成元素共同形成了街道的景观效果。

1. 沿街建筑物

沿街建筑物既是街景构成的空间内界面，又是所在街坊的外界面。成功的街景要求街道两侧的建筑物具有一定的连续性，有基本一致的建筑风格、尺度、用材和色彩等元素。同时还应该在街道上设置一些节点空间，形成富有变化的空间效果。英国学者芒福汀（J. C. Moughtin）认为这些节点的间距可以在200m至300m左右。在实际生活中，这些节点空间包括：街道的入口、街道的出口、广场、某些局部放大的空间、某些有变化的空间、在街上设置的一些拱门和牌楼等等。

街道的宽度与周围建筑物的高度的比例也是非常重要的，一般而言，相对狭窄的街道（高宽比较大的街道）容易形成空间围合感，容易营造购物气氛；相对宽阔的街道（高宽比较小的街道）往往不容易形成空间围合感，空间效果比较开敞，不容易营造购物气氛。

2. 行道树

行道树是非常重要的元素。沿街建筑往往是由不同建筑师根据不同投资业主的喜好，在不同时间里设计建造出来的，因而其形体尺度、建筑风格常常是变化有余，统一不足，甚至还有可能出现一些设计低劣的建筑。而整排连续、枝叶繁茂的行道树就能提供一种视觉统一性，甚至构成一种独特的街景风格，如南京的林荫道、巴黎的香榭丽舍林荫大道（Champs Elysees）等都是很好的例子。

3. 街道路面

街道路面起着分隔或联系建筑群的作用，同时，也起着烘托街道空间气氛的作用。古往今来的街道路面设计曾尝试运用过各种各样的材料，如石板路、卵石路、沥青路、砖瓦路、地砖路等，这些材料在质感、肌理、物理化学属性上各不相同，形成了丰富多彩的街道路面形式。

4. 街具及其他设施

街道家具主要包括：候车亭、座椅、电话亭、售货亭、广告牌、废物箱等；街道上的艺术品主要包括：雕塑、绘画作品、小品等；此外还包括：路灯、景观灯等，沿街建筑的橱窗、广告牌等也是需要重点考虑的设施。

（二）街道空间设计

街道空间的布局涉及城市规划、交通规划、城市设计等诸多学科，就具体设计而言，主要应满足以下几方面的需要。

1. 交通要求

无论是街道还是道路，首先是因为一地至另一地的联系通道或土地分隔利用需要而出现的，因此，保证人、车通行是其基本要求。在设计中应注意以下几点：

（1）处理好人、车交通的关系。既方便汽车通行，又不对行人产生干扰；既要方便人、车进出，又要防止大量过境车辆的穿越。

（2）处理好步行道、车行道、绿带、停车带、街道交结点、人行横道以及街道家具等之间的关系。

（3）在现代城市建设中，可以考虑设置二层甚至多层街道系统。

（4）由于人们有走近路的习惯，街道设计除了应具备美观和趣味性之外，还应考虑主要人流的行进目标，减少过分的曲折迂回。

（5）由于在不同地段街道中人、车流的活动情况不同，其横剖面的宽窄可以有所不同，可以将街道分成不同段落，并对其进行功能、人流和车流疏密程度的研究，然后决定相应的宽窄变化。

2. 贯彻步行优先和满足生活功能的原则

在没有汽车的年代，街道和道路是属于人的空间，人们可以在这里游玩、购物、闲聊交往、欢愉寻乐，完成"逛街"所需要的所有活动。但这种情形到了马车时代，特别是汽车时代以后就大不一样了。由于人车混行，人们不得不冒着生命危险外出，忍受嘈杂的噪声和汽车尾气排放的污染，再也享受不到"逛街"的乐趣，因此，如今步行优先的原则又重新被提出。

在城镇中的许多地段，尤其是中心区和商业、游览观光的重要地段，一定要充分发挥土地的综合利用价值，创造供人们交流的场所，鼓励人们步行，建立一个具有吸引力的步行道连接系统。这是发达国家在城市中心区复兴和旧城改造中取得成功的重要经验之一。概括起来，步行系统有以下优点：

（1）社会效益——它提供了步行、休憩、社交聚会的场所，增进了人际交流和地域认同感，增强了人情味，有利于培养居民维护、关心城市的自觉性。

（2）经济效益——促进社区经济的繁荣。

（3）环境效益——减少空气和视觉的污染、减少交通噪声，减少汽油消耗。

（4）交通方面——步行道可减少车辆，减轻汽车对环境的压力，减少交通事故。

在具体设计中，最常见的做法就是修建步行街和人行天桥系统，仅美国就已有200多个城市在中心区把主要街道改造成步行街，而人行与车行交汇处则靠人行天桥系统来解决。在加拿大卡尔加里（Calgary）、美国明尼阿波利斯（Minneapolis）、中国香港等城市，行人不必到底楼穿越马路，就可通过楼层系统到达其他商业办公设施（图6-3-1）。其次，可以加宽人行道，将高层建筑或大型公共建筑适当后退，留出广场绿地，这样一方面可以吞吐吸纳人流，另一方面可以增加空间层次。此外，设置休息座椅、设立人行道护栏等也有助于为行人提供方便。

图6-3-1 美国明尼阿波利斯步行天桥（空中连廊）

3. 注重街道景观的原则

为了形成良好的街道景观，必须提倡变化而统一的原则。为了使街道成为一个连续的整体，沿街建筑物应该有一定的相似性。例如基本接近的高度、基本接近的层数、比较类似的建筑材料、比较接近的风格、一些重复出现的元素和细部……。然而由于街道两侧建筑物分属不同的业主、建成的年代不同、设计师的喜好也有差异，因此在实际工程中要达到上述要求是很不容易的，往往只有通过相同的行道树、相同的人行道铺地、比较类似的广告牌和在人行道上加设一些拱廊等方式来形成街道的连续感。

与此同时，如果过分统一而缺少变化的话，也会使街道空间乏味无趣。为此，可以每隔一定距离设置空间节点，插入一些广场和开敞空间；建筑物的轮廓线也应该有些起伏变化，形成一定的韵律；街道的平面可以有些曲折以形成一定的视线变化等等。

总之，既变化又统一是形成良好的街道景观的重要原则，需要设计师在实际中灵活运用，使街道空间成为城市中美妙的舞台。

二、街道空间设计案例分析

街道空间是一种有趣的空间类型，有不少值得借鉴学习的佳例，以下主要介绍一些我国街道空间的实例。

（一）苏州水乡村镇街道体系

我国江南地区水源丰富、水网密布、河道纵横、水位落差不大，在这片富饶的土地上分布着很多大大小小的村镇。这些村镇大都沿河而建，构成了独特的水乡景观和街道体系，其中，苏州水乡村镇的街道体系更具特色。

1. 与水运有关的村镇体系

从苏州附近城镇布局来看，苏州与无锡、常熟、昆山、平望等城镇等距。这个城市圈的距离正是历史上行船一天的航程，顺风顺水晚出早到，逆风逆水早出晚到。再向外，与嘉定、松江、嘉兴、湖州等重要城镇等距分布，而这第二个城市圈又是第二天行船的行程。这种由于交通因素形成的城镇圈，正是城市经济活动控制范围的重要标志。而在这个城市圈的中间地带不会再出现经济实力相当的同等级城镇。苏州正是这些城镇圈的中心，是这一地区的最佳位置（图6-3-2）。

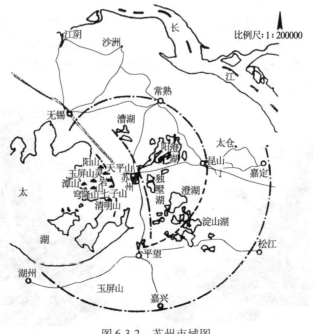

图6-3-2　苏州市域图

苏州水网发达，众多河流上建有桥梁，而桥梁又会造成车辆行驶的不便，因此这一地区远距离的运输大部分依靠船运，水运运输量大、价廉而且省力。即使今天，这个地区的很多物资仍用船运，故而村镇基本上都沿河道而建。

至于自然村落的控制范围则一般与人们的步行范围有关。一个自然村落的活动控制范围约半公里，这个距离是一般居民用10至20min步行可以达到的最远处，在平原上基本控制在视野之内，这既比较恰当也是比较自然的。两村之间，相距约一公里，抬轿挑担可以中途不息脚。

在自然村内，由于人口不多，一般没有什么大的公共设施，最多有些小杂货店，买些油盐酱醋、针头线脑等日常小百货和小食品，一些重要的商品都要到镇上去买。

2. 独具一格的街道布局

正因为传统江南水乡的远距离交通都靠水运，所以村镇几乎均沿水而建。即使半岛或岛上的村镇也都离水不远。一般的乡村都沿河长向发展，图6-3-3展示的是苏州横泾镇的现状。

在河网交叉地区则乡镇往往成团状发展，图6-3-4所示的同里镇即是一例。当然也有些在水网交叉地区的村镇发展成放射形平面，梅里镇即是此类典型（图6-3-5）。

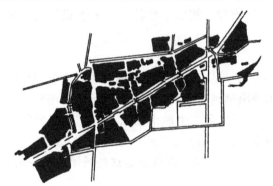

图6-3-3　苏州横泾镇

图6-3-4　苏州同里镇

在大江大湖边上的乡镇则另有特点，其常在入湖、入江的支流两侧发展成镇，如图6-3-6的浒浦镇。而山区乡镇，都很注意朝向，城镇大都设在山南向阳平地之上，而且近水，吴县东山镇的扬湾古村、陆巷古村，吴县西山的明湾古村（图6-3-7）、消夏湾东西蔡古村和东村等都属此类的典型实例。

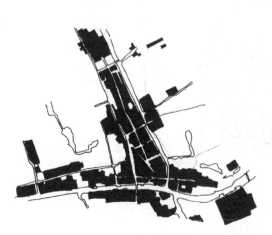

图6-3-5　苏州梅里镇

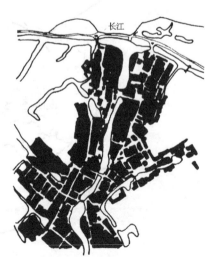

图6-3-6　苏州浒浦镇

水网地区的古镇古村，不但在村镇总体布局上具有自己的特点，而且在空间形态上也有独特之处，特别是其街道空间更具特色，往往是：路河平行，依水筑路，因水成市，临水建屋，其空间形态多样，归纳起来主要有以下几种：

（1）房—街—河—街—房；

（2）房—街—河—房；

（3）房—街—河—棚—房；

（4）楼—河—楼；

（5）骑楼—河—骑楼。

图6-3-8是为上述几种形态的剖面示意。

3. 别具特色的街道空间

苏州水乡村镇街道空间具有很强的个性，临水建筑尤其具有水乡的特色，与不少当今城市空间设计原则不谋而合，具体而言表现在以下几个方面。

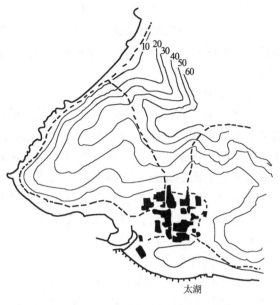

图6-3-7 苏州西山明湾镇

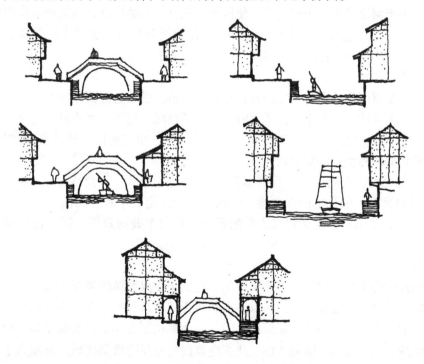

图6-3-8 水乡古镇河、街、房三者关系示意图

（1）清晰性

美国城市设计专家凯文·林奇指出：清晰性对于居民的感知具有重要作用，有助于给人以安全感和加深居民的认同感。水乡村镇街道空间的形式相当清晰，街道断面的高宽比

大多在1~1.5之间，呈狭高形，围合感十分清晰明确，尺度也很宜人。由于长期的自然发展，在街道中间也常常会出现一些不规则形空地，然而这些空地也是形状明确，多呈封闭形，它们就象一个个"眼"分布在街巷空间内，使空间狭而不死，窄中有宽，其味无穷。

（2）简明性

心理学家认为，简单的形状具有很强的视觉效果，它们可以被明确地感觉到，所以很多艺术家都倾向于用简洁的形状表达自己的思想。我国传统工匠也不例外，他们擅长于用简单的形体来组织建筑和建筑群。水乡村镇的街道基本上是横平竖直的，到处排列的都是矩形平面的建筑，立面呈现的无非是矩形的门窗，屋顶也只是简单的两坡顶，采用的建筑材料就是砖、木、石和瓦而已。村镇到处呈现出简洁的形体，然而，通过历代匠师们的巧妙安排组合，终于使之在平淡中见功夫，在统一中见变化，达到了简洁明了的效果。

（3）方向性

方向性有助于人们随时认识到自己所处的位置和环境。由于经济条件所限，中国传统住宅一般都依靠自然通风与采光，所以住宅也常以南北向为主。因此，如果在村镇的南北向巷道上，大同小异却又各具特色的山墙面就会展现在眼前；如果在村镇的东西向巷道上，或许就能看到视线之上的扇扇窗户，或许就能闻到来自厨炊的阵阵飘香味。

此外，由于河道纵横，小桥遍布，使得地面也有不小的坡度，而这种坡度也能帮助人们认识自己的位置。当人们感觉到小巷的地面在缓缓升起时，那就意味着这条巷快走完了，前面马上会出现一个道路交叉口或一座式样优美的小桥。

（4）视野

视野组织是空间设计中的重要内容，在水乡村镇，虽然巷道比较狭窄，但由于底层的商店常常是开敞式的，无形中扩大了视野，扩大了空间。此外，在小巷旁边常常就有一条小河，漫步在石板路上，望着一艘艘来往穿梭的船只，望着对面一排排典雅质朴的民居，就会使人感到心旷神怡，心胸开阔。

在村镇街道上，人们经常会看到偏斜的道路，正是这一偏角增加了空间的围合感，收缩了人们的视野，强化了幽深之意。有时，由于街道宽窄和方向的变化，造成了建筑物的前后参差，使山墙重复展现在人们的眼前，造成重叠的效果，同时也收缩了人们的视野。

（5）时空连续

街道的连续感是设计中的一个重要问题，有助于构成城镇的视觉走廊。当人们在水乡村镇漫步时，就会更深地体会到这一点。小巷两旁的建筑和檐口有几乎相同的高度，屋顶有几乎相同的坡度，颜色都是灰瓦粉墙褐门，一切都是那么相似，那么协调，使人体会到这是一个既统一而又互相关联的实体，使那幽静的小巷显得更加幽深、更加富于节奏和韵律。同样，村镇的小河也具有很强的连续感，真可谓——川清水秀、家家临水、小桥流水人家。

图6-3-9至图6-3-12是水乡临水建筑的举例。它们是使用功能和水乡地方特征相结合的产物，是融自然和人工于一体的佳例，颇具情趣，值得借鉴。

图 6-3-9　临水而居

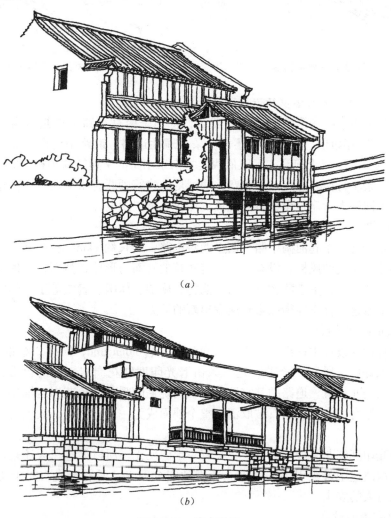

(a)

(b)

图 6-3-10　临水出挑

图6-3-11　跨河短廊　　　　　　　　　　　　　　　图6-3-12　倚桥民居

（二）上海市南京东路步行街

上海南京路素有中华第一商业街的美名，特别是南京东路上更是名店林立，独具魅力。然而在1999年以前，南京东路还是一条交通性道路，道路中间设有隔离栅栏，购物环境并不理想。1998年上海市人民政府决定把南京东路的交通转移到相邻的道路上，使南京东路成为一条步行街。经过国际竞赛，法国夏氏建筑师联合事务所——拉德方斯发展公司中标，并由同济大学建筑设计研究院负责深化和施工图设计。

1. 保留原有商业氛围

南京东路步行街东起河南中路，西至西藏中路，全长约1km。在改造中，设计师保留了道路两侧原有建筑的风格，没有改变原有建筑的立面与形体，然而，两侧建筑的内部功能有了提升，从原来偏重于购物发展为集购物、旅游、休闲、餐饮等于一体的多功能商业步行街，使上海这一标志性街区重新焕发出新的活力。

2. 注重地面铺装设计

法国设计师在设计中提出了名为"金色地带"（golden line，简称"金带"）的设计理念，获得一致好评。所谓"金带"是一条由磨光印度红花岗岩铺成的色带，宽度4.2m，沿道路中心线偏北设置。道路的其它地方均采用烧毛的暖灰红色花岗岩铺砌，一直延伸至各沿街店面。原有的人行道侧石被取消，整个地面成为一个水平面，大大方便了人们的休闲购物。

由于磨光印度红花岗岩色彩强烈，又有一定的反光，所以无论白天还是夜晚均光彩照人，成为这次改造中最吸引人的地方。考虑到安全因素，所有磨光石材上均作了防滑处理，以确保行人的安全。

3. 提供完善的设施

原来南京东路上除了广告牌以外，几乎没有其他设施。在这次改造中，在"金带"上布置了大量街道家具，如路灯、售货亭、电话亭、广告牌、垃圾箱、座椅、花坛等，在一些空间节点处还设置了雕塑。这些设施不但方便了来往行人，而且丰富了道路景观，成为南京东路的新特色。

设计保留了道路上原有的大树，在一些空地上还增添了大树。对于道路上的窨井盖也都作了处理，采用反映上海特色建筑的图案进行装饰，使其成为又一道风景线。

总之，南京东路步行街是近年来我国比较成功的步行街设计案例，在国内产生较大影响，它的空间设计手法有很多值得学习借鉴之处（图6-3-13至图6-3-16）。

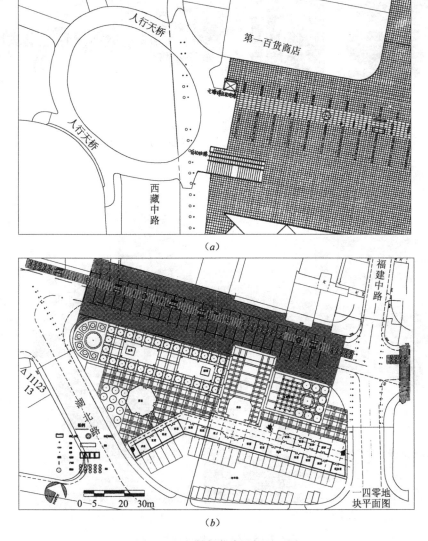

（a）

（b）

图6-3-13　南京东路局部平面图
（a）西藏中路节点处平面图（设计完成时状态）
（b）世纪广场节点处平面图（设计完成时状态）

(a)   (b)

图6-3-14 南京东路（效果一）
(a) 步行街入口标牌及雕像；(b) 熙熙攘攘的南京东路步行街

(a)   (b)

图6-3-15 南京东路（效果二）
(a) 步行街的地面铺装处理，中间设一条"金带"；
(b) "金带"上的生活性雕像及休息的游人

(a)

(b)

图 6-3-16　南京东路街具及小品

（a）步行街上的小品及绿化；（b）步行街与交通性道路相交处的铺地与路障

（三）无锡新区商业步行街

无锡新区商业步行街位于无锡市新区坊前镇中心的坊镇路，规划将其建设成为一条长1000m 左右的重要商业步行街。根据规划，这条步行街采用完全新建的方式，两侧的建筑物和室外环境一次设计、一次施工完成（图 6-3-17 至图 6-3-22）。

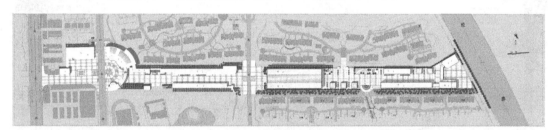

图 6-3-17　步行街总平面图

图 6-3-18　步行街西端入口透视图

图 6-3-19　步行街东端入口透视图

图 6-3-20　步行街沿街商业建筑之一

图 6-3-21　步行街沿街商业建筑之二

图6-3-22　步行街带拱廊的商业建筑

1. 创造多功能的步行环境

根据规划，建成的坊镇路以商业、休闲、娱乐功能为主。由于坊镇路两侧已有学校和大量新建住宅，所以经营的休闲活动以无污染、少污染的项目为主，必须设置餐饮功能时，将采取严格的环保措施，确保环境的优雅和安静。

为了形成良好的空间气氛，设计中尽量创造宜人的步行尺度。街宽（街道两侧建筑物之间的距离）保持在18m左右，不设人行道，整个路面采用同一平面（设有排水坡）。考虑到实际现状，白天通过管理，禁止机动车辆进入，但晚上仍考虑可以通行必要的运货车辆。

坊镇路两侧建设二到三层的新建建筑，北侧基本是二层的店铺，南侧为三层，尺度比较亲切宜人。部分两侧建筑的界面退后原规划的道路红线，形成丰富的街景和轮廓变化。

2. 创造休闲的商业街气氛

设计中通过布置座椅、售货亭、遮阳棚架、废物箱、树池等小品，既活跃了气氛，同时也为人们提供了必要的服务设施。

步行街的地面采用毛面花岗岩铺地，形成大气优雅的气氛；部分地面采用光面花岗岩铺地（表面作防滑处理），形成地面的肌理变化。

整条步行街结合原有功能设置若干节点空间，成为人们聚会休闲的场所，起到丰富景观的作用。

3. 注重空间节点处理

根据基地条件，在步行街的西端布置了一个广场，一方面作为步行街西侧的入口，另一方面也形成一定的集散空间。广场上布置旱地喷泉、绿化等，铺地也作了变化，使之成为步行街西端的主要景观。

坊镇路上有一座学校，校门正好设置在坊镇路上，于是在校门前布置了一个小型的开敞空间，设置喷泉、绿化作为对景，为学校提供一处景观，同时也为步行街的游客提供一处开放空间。在校门附近布置历史名人塑像，使这一区域成为人们交流休息、回味历史的场所，具有较强的人文景观特点。

坊镇路上有二处居住区的入口，为了给居住区营造宁静的气氛，在住宅区入口处设置了开敞空间，布置绿化和水景，这样既满足了住宅区的功能需求，同时也为步行街的游客提供了一处开放空间，使线形空间形成收放变化，游客在热闹的商业氛围中能体会到片刻的宁静。

在步行街的东端亦布置了一处广场，两侧的建筑通过空中连廊连结成一个整体，加强了入口空间的气势，具有很好的远视效果。在地面上作了一些铺地变化，以起到丰富地面的作用。

4. 统一的建筑设计风格

沿街建筑采用现代风格，通过统一的柱网、层高、构件、材料形成统一感，同时通过点、线、面的处理打破空间的单调感，在统一中形成比较丰富的空间效果。

在步行街的西侧及东侧入口处，通过空中连廊，形成两处面状的建筑布局，作为整个步行街的入口景观；在步行街的其他部位则是大量的线形沿街建筑，其中还穿插布置了一些点状建筑如：门卫、售货亭等。通过点、线、面的空间布局形成了较好的空间效果，打破了单一线型空间的单调感，同时各幢单体建筑在高度、外形、长短、细部上亦各有变化，形成在统一中有变化，变化中求统一的格局。

5. 立体化的空间布局

一层店铺、二层和三层居住是目前我国不少城市中常见的商业模式，虽然这一模式有其优点，但也存在商业面积利用不够、立面效果易产生凌乱等问题。在这条步行街的设计中，通过二层、三层的连廊，基本上把各幢商业建筑连接成一个整体，形成立体化的空间布局，使一层、二层、三层都成为营业面积，这样不仅扩展了商业面积，同时也形成了完整大方的建筑外观。

第四节　庭院空间设计

庭院在一般人的概念中是指由建筑和墙体围合而成的室外空间。庭院是内外空间的过渡，也是一种传统的室外空间，是传统建筑的重要元素。"四合院"民居、苏州园林都可以算作庭院建筑。当今庭院空间仍然受到设计师的重视，不少设计把庭院作为建筑的有机组成部分，使庭院与建筑成为一个完美的整体。

一、庭院空间设计简述

作为一种过渡空间，庭院空间设计有其自身的特点，在设计中一般要注意以下几点。

（一）整体构思、注重内外呼应

庭院设计首先应该强调与周围环境的整体构思、同步设计和内外呼应，以使周围环境与庭院空间成为一个完整的整体。图6-4-1为赖特设计的日本东京帝国大饭店。设计师把建筑和庭院空间作为一个整体统一考虑，以传统的三合院庭院空间作为整个建筑的前导空间，建筑的主体围绕着中庭布局。庭院中以水池为主景，使比较严谨的布局获得了生气和变化，庭院中的景物、小品均与建筑主体的细部手法相呼应，使建筑与庭院空间浑然一体。

图6-4-2（a，b）是贝聿铭先生设计的北京香山饭店。贝先生在设计中吸取了中国传统建筑的精髓，把庭院空间与建筑布局揉为一体，在总体上以流华池为中心，客房结合地形，依山就势围合了11个大大小小的院落，创造了既有民族特色又有时代感的庭院空间。

图6-4-3则为澳大利亚驻曼谷使馆。水体贯通建筑底层，大水面衬托空间的穿插与变化，给人以轻盈之感。

（二）精心思考、注重空间变化

在庭院本身的处理上，应该注意其空间变化，如：庭院空间的形态和比例、空间的光影变化、空间的划分、空间的转折和隐现、空间的闭合和通透、室内外空间的交融和延伸等。这些空间处理的目的是使庭院空间的形态更加动人，使空间增添层次感和丰富感，使室内外空间增添融合的气氛。在这方面，我国传统园林中的优秀手法，如空间的先藏后露、空间的曲折变换、空间的相互穿插贯通等都可在当代室内外空间设计中被恰当运用，收到很好的效果。如广州东方宾馆的庭院，把建筑的一侧做成支柱层，全部透空，并作了园林手法的建筑处理，使得由高层建筑围合的规则空间顿时显得活跃起来（图6-4-4a，b）。图6-4-5（a，b）则是桂林榕湖饭店餐厅小院，通过曲折的过道和透窗的暗示，先藏后露，形成引人入胜的空间意境，而水刷石的墙景更增添了趣味。广州矿泉客舍的"七星照月"厅则将水池引入室内，结合顶部灯光造型，活跃并扩展了室内空间，使人产生深虚新奇的联想（图6-4-6）。

图6-4-1　赖特设计的日本东京帝国大饭店

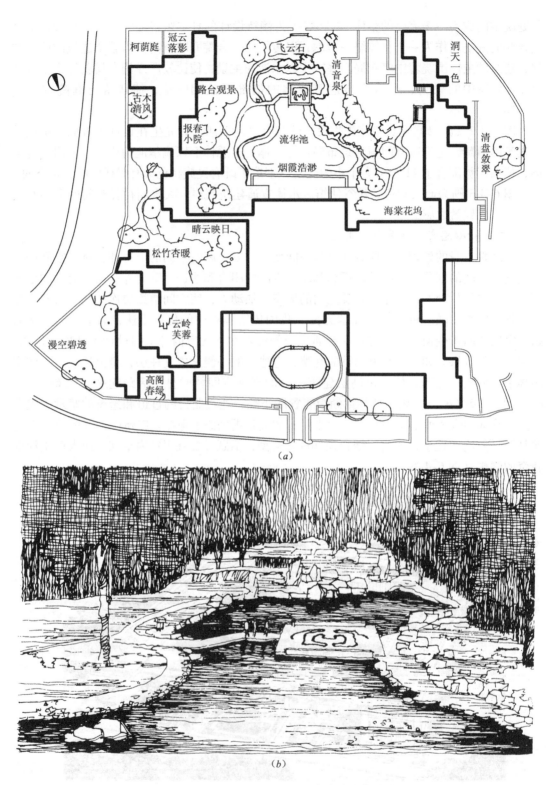

（a）

（b）

图 6-4-2　北京香山饭店平面图及主庭院流华池景观

（a）总平面图；（b）主庭院透视图

图 6-4-3　澳大利亚驻曼谷使馆的大面积水庭

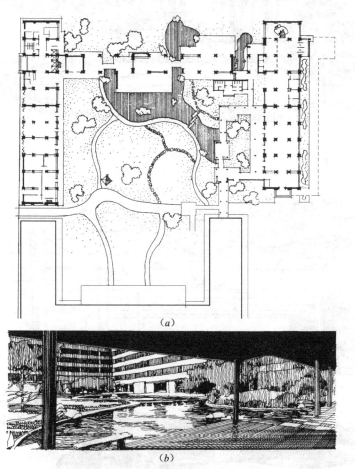

(a)

(b)

图 6-4-4　广州东方宾馆的庭院
(a) 平面图；(b) 庭院透视图

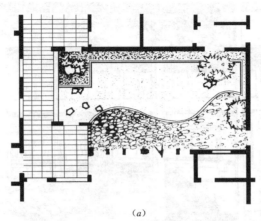

(a)

(b)

图 6-4-5　桂林榕湖饭店餐厅小院
(a) 平面图；(b) 小院透视图

图 6-4-6　广州矿泉客舍"七星照月"厅

226

当然，除了空间变化之外，庭院空间的侧界面也应予以注意。侧界面设计应注意宜简不宜繁、宜纯不宜杂，在小空间的庭院中更是如此。底界面的处理也很重要，除要发挥其应有的功能外，还要注意增添丰富的空间意境。图6-4-7所示为日本东京都千代田区第一劝业银行高层南侧下沉式步行庭院，其通过铺底、构架、侧界面、小品、绿化、水池共同构成极具艺术性的庭院空间。

图6-4-7　日本东京都千代田区第一劝业银行高层南侧下沉式步行庭院

总之，庭院空间的处理手法，应该是多样化的，应该把庭院空间与周边的环境作为一个完整的整体统一考虑，构成新的空间形态，为人们创造优美宜人的环境。

（三）巧用自然、注重视觉效果

庭院空间一方面要考虑人的游玩、休闲和在其中的行进路线，另一方面要考虑视觉景观效果，尤其要考虑如何巧妙运用自然景观。一般情况下，庭院空间（尤其是以观赏为主的庭院空间）都会有一个视觉中心，有时也可以有两个视觉中心（一主一辅）。我国传统庭院中常常以山石、泉水、盆景、花木（如"岁寒三友——松竹梅"），引壁题刻等艺术手段作为视觉中心。在现代庭院空间中，除了自然元素之外，雕塑、小品、景墙等都可以作为视觉中心。图6-4-8是美国旧金山汉考克西部办公总部大楼庭院，其空间处理十分简洁、轻快、雅致，庭院中的喷泉构成了视觉中心。

庭院中的自然元素主要包括植物、山石和水体，自然元素应该强调与当地自然条件的结合，此外在运用时还需注意以下几点。

图6-4-8　美国旧金山汉考克西部办公总部大楼庭院

1. 植物

植物是有生命的自然元素，在中国传统庭院中常常采用自然式的种植方式，不同种类的植物布置在一起形成高低错落、互相衬托的关系。在现代庭院空间中，常常采用较少的植物种类，且偏向于采用几何形的构图进行种植，以形成比较规则的空间效果。

2. 石景

现代庭院空间的石景一般不宜直接搬用传统的叠石手法，应对传统的"透、漏、瘦"的山石审美标准赋以新的时代特征。

现代庭院空间中的山石尺度宜大不宜小，形态宜整体不宜琐碎。如广州的白云宾馆、东方宾馆和北京香山饭店的山石处理，尺度合宜，体态得当，给人以一种富有时代特点的美感。当布置群石时，仍如《园冶》中所说"最忌居中，更宜散漫"，并要注意置石的韵律感。图6-4-9为广州谊园水面的石景处理，图6-4-10为广州国际邮电楼大厅侧庭院的石景设计，图6-4-11 *a*，*b* 则为贝聿铭先生设计的苏州博物馆新馆中的庭院石景。

图6-4-9　广州谊园水面的石景设置

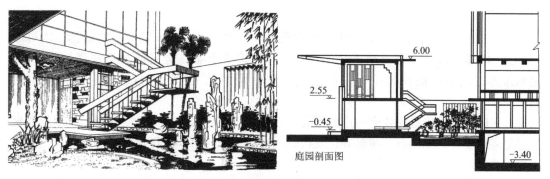

庭园剖面图

图 6-4-10　广州国际邮电楼大厅侧庭院的石景设计

(a)

(b)

图 6-4-11　贝聿铭先生设计的苏州博物馆新馆中的庭院石景与水景。
简洁大气，极富现代感

3. 水景

水是自然界中与人类关系最密切的物质之一，水可以引起人们美好的情感，水可以"净心"悦耳，水又具有流动不定的形态，水可形成倒影，与实物虚实并存。以山泉、池水作为庭院空间的视觉中心是我国的传统造园手法之一，在现代庭院空间中也常被采用。

水在庭院空间中首先要有一定的形态，水池可以是自然形也可以是规则形。池岸的材料也是多种多样，如山石、树桩等，现代庭院空间比较强调水池与建筑的协调呼应，故多采用直线池岸。

水景有动静之分，传统园林中的水景往往与山石结合，现代庭院空间中的水景则经常与雕塑、灯具、小品等结合，也可独立构成喷泉景观。总之，水景形式多样，可以根据空间的现状灵活运用。图6-4-12a，b为意大利罗马近郊某庄园的水景，其中各种水景互相结合，构成令人流连忘返的水景。

(a)　　　　　　　　　　　　　　　　(b)

图6-4-12　意大利罗马近郊某庄园的水景

二、庭院空间设计案例分析

古今中外的庭院设计案例很多，这里仅举几例我国比较经典的当代庭院空间案例供参考。[5]

(一) 广州白云宾馆庭院空间

白云宾馆建成于1977年，宾馆南临广州环市东路，交通方便，周边环境幽静、绿化完整，是当时接待国外宾客的高级宾馆。

在空间布局中，白云宾馆设置了若干大小不一的庭院，这些庭院既解决了高层主楼与裙楼之间的通风采光问题，同时也营造出丰富的景观效果，成为宾馆的一大特色。

餐厅与主楼之间的庭院是宾馆的主要景点之一。庭院面积不大，但却巧妙地利用了原有的三棵古榕树，然后配以人工塑石。粗犷浑厚的山石、自上而下的瀑布、浓荫蔽天的古榕组成了庭院的视觉焦点。这一古拙而雅致、简朴而丰富的庭院空间，常常使人驻足观赏，令人回味无穷。周围的大玻璃又使庭院景观与门厅融为一体，门厅空间随之显得生机勃勃，反映出岭南庭院的特色，成为当时继承传统、勇于创新的佳例（图6-4-13至图6-4-16）。

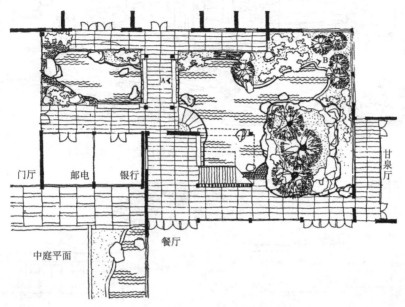

图6-4-13　广州白云宾馆主庭院平面图

图6-4-14　广州白云宾馆主庭院透视图之一（A视点）

图 6-4-15　广州白云宾馆主庭院透视图之二（B 视点）

图 6-4-16　广州白云宾馆剖面图

除了主庭院之外，其他的庭院空间内也是挖池叠石，充分利用各种自然景观，形成内外空间延续、自然而又变化的效果，图 6-4-17 为广州白云宾馆甘泉厅小院透视图。

图 6-4-17　广州白云宾馆甘泉厅小院内景

（二）芳华园

芳华园是我国 1983 年参加联邦德国慕尼黑国际艺展的送展园林作品，是一个表现我国传统造园技艺的佳例，该项目在此次国际艺展中获金奖。

芳华园占地 540m²，空间设计中以中国传统山水园林为基础，营造出既有传统神韵、又富有现代气息的园林。

芳华园以竹编的藤萝架为入口，配以照壁，借唐代白居易（772—846）"风暖鸟声碎，日高花影重"的诗句（芳华园门门联），点出"入趣"（芳华园入口横匾）园幕。园中月台濒水、板桥横渡、泉壁隐歌及"碧临坊"的金碧洞罩，映影于波光湖面，使园景典雅可亲。牡丹台上的瑰丽花卉，间植的梅、桂、紫薇、竹丛、石榴、银杏和罗汉松，形、色、香皆备，层层托景。越过小山岗，登上"酌泉漱玉"的梅亭，俯视亭下飞流击石，溅起一池漱珠，确有"丰榃泉声三径月，一亭诗境满湖云"（梅亭对联）的诱人意境。

在设计风格上，该园设计既吸收了京华园林的富丽堂皇，又有江南园林的玲珑剔透，尤其突出的是，设计中突破了以往程式，结合岭南园林的特色，采用岭南园林轻巧通敞、内外空间浑然一体的手法，综合运用了广东出产的东莞砖刻、石湾陶瓷、潮州木雕、刻花玻璃、白水泥水磨技术及当时的新材料，使该园得体地表映出 20 世纪 80 年代我国园林设计的新探索。图 6-4-18 和图 6-4-19 为芳华园平面图及全园鸟瞰图。

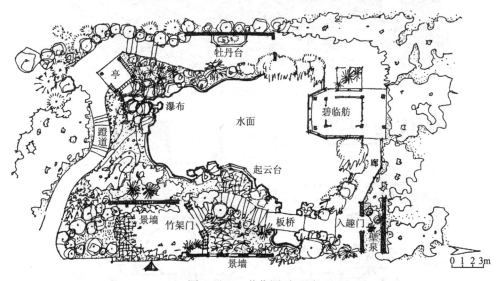

图 6-4-18　芳华园平面图

（三）白天鹅宾馆室内中庭

广州白天鹅宾馆位于沙面岛南侧，面向白鹅潭，环境优雅开阔，是一处具有 1000 间客房的旅游宾馆。白天鹅宾馆是 20 世纪 80 年代我国自行设计的高标准旅馆，其中庭的内庭院是至今仍有影响力的室内庭院。

白天鹅宾馆的中庭高三层，约 2000 余 m²，四周采用敞廊形式，绕廊遍植垂萝，亭台桥榭，蹬道梯阶，前后参差，高低错落，起伏盘旋，构成一个层次丰富、空旷深邃的大空间。中庭设有主景点，壁山、瀑布、小亭构成了视觉焦点。瀑布飞流而下，击石有声，石壁上镌刻的"故乡水"三字点明了主题，整个室内庭院气势磅礴而又富有岭南庭院的风味。特别是设计者把"故乡水"作为室内庭院的主题，激发了海外归侨的思乡之情，因此建成之后，广受海内外人士的好评（图6-4-20至图6-4-23）。

图6-4-19　芳华园鸟瞰图

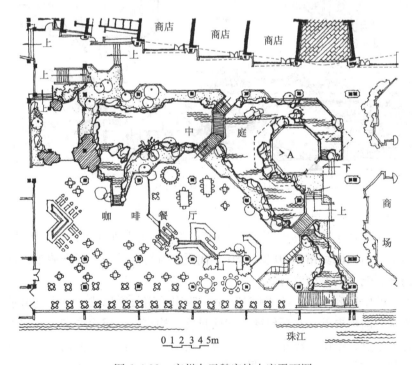

图6-4-20　广州白天鹅宾馆中庭平面图

图 6-4-21　广州白天鹅宾馆中庭透视图（A 视点）

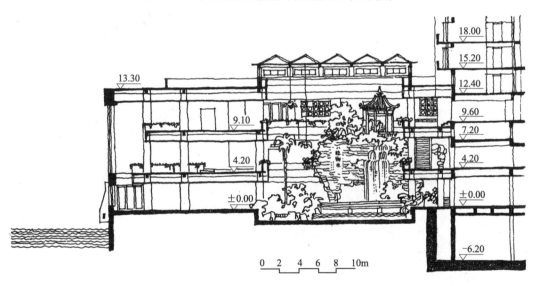

图 6-4-22　广州白天鹅宾馆中庭横剖面

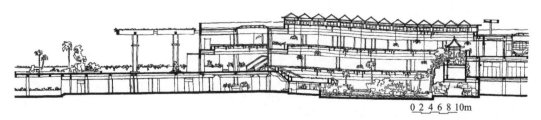

图 6-4-23　广州白天鹅宾馆中庭纵剖面

注释

［1］～［3］蔡永洁著．城市广场——历史脉络、发展动力、空间品质．南京：东南大学出版社，2006．

［4］夏祖华，黄伟康编著．城市空间设计．南京：东南大学出版社，1992．

［5］杜汝俭，李恩山，刘管平主编．园林建筑设计．北京：中国建筑工业出版社，1986

主要参考文献

辞书规范类

[1] 辞海编辑委员会. 辞海（1999 年版）. 上海：上海辞书出版社，2001.

[2] 中国土木建筑百科辞典（建筑）. 北京：中国建筑工业出版社，1999.

[3]《建筑设计资料集》编委会. 建筑设计资料集（第二版，第二集）. 北京：中国建筑工业出版社，1994.

[4] 民用建筑设计通则（GB 50352—2005）. 北京：中国建筑工业出版社，2005.

著作杂志类

[1] 蔡永洁著. 城市广场——历史脉络、发展动力、空间品质. 南京：东南大学出版社，2006.

[2] 陈申源，陈易编著. 楼梯设计与装修. 上海：同济大学出版社、香港：香港书画出版社，1992.

[3] 陈易主编，陈永昌，辛艺峰副主编. 室内设计原理. 北京：中国建筑工业出版社，2006.

[4] 陈易著. 建筑室内设计. 上海：同济大学出版社，2001.

[5] 陈志华. 谈文物建筑的保护. 世界建筑. 1986 年 No. 3.

[6] 戴復东. 全面认识环境. 重视有机匹配. 建筑师. 总 33 期.

[7] 杜汝俭，李恩山，刘管平主编. 园林建筑设计. 北京：中国建筑工业出版社，1986.

[8] 费彦. 现象学与场所精神. 武汉城市建设学院学报. 1999 年第 16 卷第 4 期.

[9] 顾孟潮. 未来的世纪是生态建筑学时代. 建筑师. 总 33 期.

[10] 顾孟潮，王明贤，李雄飞主编. 当代建筑文化与美学. 天津：天津科学技术出版社，1989.

[11] 郝洛西. 城市照明设计. 沈阳：辽宁科学技术出版社，2005.

[12] 华南工学院建工系主编. 建筑小品实录. 北京：中国建筑工业出版社，1980.

[13] 来增祥，陆震纬编著. 室内设计原理（上）. 北京：中国建筑工业出版社，1996.

[14] 李雄飞，巢元凯主编. 快速建筑设计图集（上）. 北京：中国建筑工业出版社，1992.

[15] 李雄飞，巢元凯主编. 快速建筑设计图集（中）. 北京：中国建筑工业出版社，1994.

[16] 李雄飞，巢元凯主编. 快速建筑设计图集（下）. 北京：中国建筑工业出版社，1995.

[17] 刘文军，韩寂编著. 建筑小环境设计. 上海：同济大学出版社，1999.

[18] 陆震纬主编. 室内设计. 成都：四川科学技术出版社，1987.

[19] 陆震纬、来增祥编著. 室内设计原理（下）. 北京：中国建筑工业出版社，1997.

[20] 罗小未，蔡琬英. 外国建筑历史图说（古代—18 世纪）. 上海：同济大学出版社，1986.

[21] 罗文媛，赵明耀著. 建筑形式语言. 北京：中国建筑工业出版社，2001.

[22] 毛培琳，李雷编著. 水景设计. 北京：中国林业出版社，1993.

[23] 南京工学院建筑系建筑史教研室. 江南园林图录——庭院. 1979.

[24] 彭一刚. 建筑空间组合论（第二版）. 北京：中国建筑工业出版社. 1998.

[25] 彭一刚. 中国古典园林分析. 北京：中国建筑工业出版社，1986.

[26] 齐伟民编著. 室内设计发展史. 合肥：安徽科学技术出版社，2004.

[27] 钱健，宋雷编著. 建筑外环境设计. 上海：同济大学出版社，2001.

[28] 同济大学，重庆建筑工程学院，武汉建筑材料工业学院合编. 城市园林绿地规划. 北京：中国建筑工业出版社，1982.

[29] 王建国编著. 城市设计. 南京：东南大学出版社，1999.

[30] 王建国著. 现代城市设计理论和方法. 南京：东南大学出版社，2001.

[31] 王珂，夏健，杨新海编著. 城市广场设计. 南京：东南大学出版社，1999.

[32] 武慧兰. 崇明东滩生态化居住环境研究. 上海：同济大学硕士学位论文，2005.

[33] 夏兰西，王乃弓编绘. 建筑与水景. 天津：天津科学技术出版社，1986.

[34] 夏祖华，黄伟康编著. 城市空间设计. 南京：东南大学出版社，1992.

[35] 徐民苏，詹永伟等编. 苏州民居. 北京：中国建筑工业出版社，1991.

[36] 杨公侠著. 建筑·人体·效能——建筑功效学. 天津：天津科学技术出版社，2000.

[37] 杨善勤，郎四维，涂逢祥编著. 建筑节能. 北京：中国建筑工业出版社，1999.

[38] 尹国均编著. 国外后现代建筑. 南京：江苏美术出版社，2000.

[39] 于正伦著. 城市环境艺术——景观与设施. 天津：天津科学技术出版社，1990.

[40] 张斌，杨北帆编著. 城市设计与环境艺术. 天津：天津大学出版社，2000.

[41] 张敕. 建筑庭院空间. 天津：天津科学技术出版社，1986.

[42] 张绮曼，郑曙旸主编. 室内设计资料集. 北京：中国建筑工业出版社，1991.

[43] 张绮曼主编，郑曙阳副主编. 室内设计经典集. 北京：中国建筑工业出版社，1994.

[44] 中国建筑设计研究院建筑历史研究所. 浙江民居. 北京：中国建筑工业出版社，2007.

[45] [美] 埃德蒙·N·培根著，黄富厢，朱琪译. 城市设计. 北京：中国建筑工业出版社，2003.

[46] [美] 程大锦著，乐民成编译. 室内设计图解. 北京：中国建筑工业出版社，1992.

[47] [美] 诺曼·K·布思，曹礼昆，曹德鲲译，孟兆祯校. 风景园林设计要素. 北京：中国林业出版社，1989.

[48] [日] 芦原义信著，尹培桐译. 外部空间设计. 北京：中国建筑工业出版社，1985.

[49] [意] 布鲁诺·赛维著. 张似赞译. 建筑空间论——如何品评建筑. 北京：中国建筑工业出版社，1985.

[50] [英] 弗朗西斯·蒂巴尔兹著. 鲍莉，贺颖译. 营造亲和城市——城镇公共环境的改善. 北京：知识产权出版社、北京：中国水利水电出版，2005.

[51] [英] 克利夫·芒福汀著. 张永刚，陆卫东译. 街道与广场. 北京：中国建筑工业出版社，2004.

[52] Anatxu Zabalbeascoa & Javier Rodriguez. Marcos, Sustainable architecture——Renzo Piano. Barcelona：Editorial Gustavo Gili. SA，1998.

本书参考引用了诸多专家、学者的资料，大部分已列在参考文献中，但由于时间紧张，可能尚有遗漏，在此谨向这些资料的作者一并致以诚挚的谢意。